垃圾治理之道
方法探索·案例解析

熊孟清 著

U0343754

化学工业出版社
·北京·

内 容 简 介

《垃圾治理之道：方法探索·案例解析》一书概括了垃圾治理的研究内容，回答了垃圾治理是什么、做什么、怎么做和谁来做等问题。

本书总结了垃圾治理的定义、特征、原则、制度、体系、规律和基本任务，指出垃圾治理要尊重人理、物理、事理和世理，建立正确的垃圾治理世人物事关系，做到"治理主体协商协调、共治共享""事因人物而设，体系因事而成"和"体系简单高效、有序和谐"，实现垃圾妥善治理。

本书首次专门探讨垃圾治理体系、垃圾处理体系、垃圾治理动力学、垃圾治理方法论、源头需求侧管理和垃圾治理需要重视的突出问题。同时，应用垃圾治理知识解析农村生活垃圾治理、厨余垃圾资源化利用、垃圾分类和数字技术在垃圾治理中的应用。

本书可作为环境科学与工程专业的专业教材，也可供从事环境保护、垃圾治理等相关行业的科研人员、工程技术人员和管理人员参考。

图书在版编目（CIP）数据

垃圾治理之道：方法探索·案例解析/熊孟清著. —北京：
化学工业出版社，2021.12
ISBN 978-7-122-40052-9

Ⅰ．①垃…　Ⅱ．①熊…　Ⅲ．①生活废物-垃圾处理-研究
Ⅳ．①X799.305

中国版本图书馆 CIP 数据核字（2021）第 206219 号

责任编辑：卢萌萌　刘兴春　　　　　　　　文字编辑：王云霞
责任校对：田睿涵　　　　　　　　　　　　装帧设计：史利平

出版发行：化学工业出版社（北京市东城区青年湖南街 13 号　邮政编码 100011）
印　　装：大厂聚鑫印刷有限责任公司
710mm×1000mm　1/16　印张 9½　字数 158 千字　2022 年 2 月北京第 1 版第 1 次印刷

购书咨询：010-64518888　　　　　　　　　售后服务：010-64518899
网　　址：http://www.cip.com.cn
凡购买本书，如有缺损质量问题，本社销售中心负责调换。

定　　价：68.00 元　　　　　　　　　　　　版权所有　违者必究

　　垃圾治理普适知识是所有垃圾治理实践共有的概念、特征、原则、制度、架构和规律，来源于垃圾治理实践，是对垃圾治理实践的共性和本原的总结，具有评价作用。不具有垃圾治理普适知识的实践不能称为"真的"垃圾治理实践，没有完全拥有垃圾治理普适知识的实践不能称为"好的"垃圾治理实践，换言之，垃圾治理普适知识是垃圾治理实践的基本约束，由此可见垃圾治理普适知识的重要性。

　　《垃圾治理之道：方法探索·案例解析》一书着意构建垃圾治理的普适知识。

　　第一，给出垃圾治理是什么，包括垃圾治理的定义、原则和特征。垃圾治理是政府与社会共同处理垃圾事务的所有活动及其方式方法的总和，垃圾治理的内涵是政府与社会共同处理垃圾事务，垃圾治理的外延是所有垃圾治理实践活动及其方式方法所形成的类别；垃圾治理要坚持政府与社会协商共治原则，坚持减量化、资源化、无害化和社会化原则，实现垃圾妥善治理；垃圾治理具有"政府主导""政府与社会协商共治"和"维护社会秩序、效率、正义与公平"的基本特征。

　　垃圾治理要将垃圾变成资源，并与商品正生产闭环，形成循环经济发展格局。垃圾治理有自身的世人物事及其客观规律。"人"是垃圾治理的主体，"物"是垃圾治理的物质资料，"事"是垃圾治理事务，"世"是由人、物、事组成的垃圾治理体系。事因人物而设，体系因事而成。

　　垃圾治理是一项经济活动，要按经济规律办事，实现经济学意义下的理性、经济、效率与公平；垃圾治理又是一项社会活动，重在全社会主动自觉参与，实现治理意义下的共治、效益、正义与公平。垃圾治理要建立基于经济活动与社会活动相统一的权利观，实现权利、责任、义务的互生共长。

第二，给出垃圾治理做什么、怎么做和谁来做，强调基本任务、基本要求、必备意识和 4 种动力。垃圾治理要坚持底线意识、红线意识、经济意识、公德意识和可持续发展意识，发挥推行、实施、体系及其互动 4 种动力的作用，依赖政府主导、政府与社会良性互动、社会自主自治网络体系和多措并举、综合治理，推动圾源头减量与排放控制、资源化利用和处置及相关的物流活动，实现垃圾妥善处理和妥善治理。

垃圾治理要研究垃圾治理的世人物事及其客观规律，掌握垃圾治理的动力学，因势而变，因时而进，因地制宜。垃圾治理要做好 4 件事：构建人物结构，构建事务结构，构建体系结构和构建垃圾治理表象结构。做到人尽其才、物尽其用、事事得体、体用俱全，体系"简单高效、有序和谐"和垃圾治理"减量化、资源化、无害化、社会化、集约化、人民满意"。

第三，给出垃圾治理体制机制和治理体系，描述各级政府之间、政府与社会之间的共治架构或关系，介绍垃圾治理体系和垃圾处理体系，指出垃圾治理本体具有绿色低碳基因，进一步强调垃圾治理"减量化""资源化""集约化"的降碳作用。

第四，解读规范垃圾治理的固废法，介绍法律规定的原则、制度、义利及法律责任。

第五，介绍垃圾治理规划，这一重要却常被轻视甚至高高挂起的垃圾治理工具。

最后，探讨垃圾治理之道，如何通过思考求得良知，实现垃圾妥善处理和妥善治理。

垃圾治理实践必须遵循垃圾治理普适知识，但我们要认识到，遵循垃圾治理普适知识是有效推动垃圾治理的必要条件，但并非充分条件。垃圾治理实践还必须具体分析实践的特殊性，尤其要认清可能存在的市场障碍、社会障碍。垃圾治理需要全社会坚持垃圾妥善治理的态度，垃圾治理任重道远。

由于著者水平所限，书中难免存在疏漏与不足之处，敬请广大读者批评指正。

著者
2021 年 8 月

目录

第 *1* 章
垃圾治理总论

　　垃圾治理是什么、做什么、怎么做和谁来做，包括垃圾治理的定义、基本特征、基本任务、基本要求和主要动力，是垃圾治理普适知识的基本面，也是对垃圾治理实践的基本约束。垃圾治理想要达到善治境界，便要注重实践，更要研究普适知识，做到体用俱全，好比园艺师构造盆景，只有在掌握盆体特点的基础上造景，才能构造出盆景交融的意境。

1.1　垃圾治理是什么

1.1.1　垃圾治理的定义

　　垃圾治理是政府与社会共同处理垃圾事务的所有活动及其方式方法的总和，贯穿垃圾处理全过程（垃圾的全生命周期），包括源头减量与排放控制、资源化利用和处置及其相关的收集、贮存、交易、运输等物流活动；促进垃圾源头减量与排放控制，处理已经排放的垃圾，为生产和生活服务。垃圾治理是一种全程、综合、多元的治理。垃圾治理的内涵是政府与社会共同处理垃圾事务，垃圾治理的外延是所有垃圾治理实践活动及其方式方法所形成的类别。

　　治理主体是政府和社会，这里的"社会"代指政府以外与垃圾治理相关的主体，包括商品生产者、垃圾产生者、垃圾处理者和其他垃圾治理涉及的聚落（小区、自然村）、社区（行政村）、集体及更大范围的社会，政府是治理主体意味着垃圾治理纳入国民经济和社会发展规划；治理主体涵盖诸如个人、家庭、企业、政府机构、社会组织等个体和由个体形成的聚落、社区、集体及社会；治理客体是人们在生产生活中产生、排放的垃圾，这类垃圾既是自然性物质又是人格化物质，带有鲜明的社会烙印，垃圾是具有社会灵性的物质；治理事务涵盖垃圾的物质处理事务和社会协调事务两方面，重点是处理物质性垃圾和协调垃圾治理主体的行为，向社会提供与垃圾相关的资源保护、生态环境保护和社会治理改善等服务；治理方式方法包括治理主体的动员、组织、参与方式方法，治理主体之间关系、治理主体与市场之间关系、垃圾处理供求关系等各种关系的协调方式方法和垃圾处理方式方法等；治理理念是垃圾治理"与生产、生活、社会治理和资源、生态、环境保护等人类活动协同共进""由政府与社会协商共治"。

垃圾治理是主体协商、协调和共治的过程。各主体都有自己的利益，政府维护经济社会可持续发展、社会公益和社会秩序，垃圾产生者维护垃圾产生与排放权，垃圾处理者希望获得最大收益，商品生产者希望多生产与销售商品，社会希望享受良好环境等；各主体做出有利于自己的选择，立足自身利益极大化和利益损失极小化；但各主体不是孤立的，需要各主体在法律、规划、政策、契约、道德等激励下协商与妥协，达成共识和协调行动，尊重经济规律、社会规律、自然规律和垃圾治理规律，促成垃圾妥善治理，实现各自追求的利益，维护社会秩序、效率、正义与公平。

垃圾治理通过一件件具体的事来实现。垃圾治理的每一件具体事都具有自己的特殊性，但每一件具体事又都具有共性；共性是普适知识的体现，普适知识支撑和描述垃圾治理本体（简言之，普适知识就是本体或本原）；正是这些共性让每一件具体事归属于垃圾治理本体，从而可称为垃圾治理；垃圾治理带有鲜明的实践性和特殊性，同时，也具有自身的本体性和普适性，垃圾治理是体与用的统一。

1.1.2 垃圾治理的世人物事及其理

垃圾治理是政府与社会一起协商垃圾事务怎么办才对社会最有利的活动。既然是一种活动，必然就包括主体（who）、事件（what）、时间（when）、地点（where）、原因（why）和方法（how）等5W1H要素。垃圾治理有自身的世人物事。

垃圾治理的"人"，即垃圾治理主体，是全社会，包括自然人、法人和非法人组织，涵盖各党派、政府机关、群众、企业、社会团体和媒体，是多元的。主要主体可用"垃圾产生者""垃圾处理者""政府"和"第三方"概括；这里的"第三方"泛指垃圾产生者与政府之外、垃圾处理者与政府之外及垃圾产生者与垃圾处理者之外的法人、自然人或非法人组织，视具体的垃圾治理环节和治理事务而定。

在不同的垃圾治理环节，垃圾治理的主要主体有所不同。垃圾产生源头的主要主体是垃圾产生者、政府和独立于垃圾产生者与政府的第三方管理与服务企业或社会组织（如物业管理公司、社区居委会等）；垃圾资源化利用和处置环节的主要主体是垃圾处理者、政府和独立于垃圾处理者与政府的第三方监管、监测、咨询等企业及社会组织或群众代表。

垃圾治理的"物"包括需要治理的垃圾、治理垃圾及动员和组织群众参与垃圾治理所涉及的一切器物资源，如贮存垃圾的容器、收集垃圾的站点、运输垃圾的车辆、利用与处置垃圾的设施等器物和治理垃圾所需的土地、资金、技术等器物资源。

垃圾治理的"事"主要包括3大类：社会参与事务、垃圾处理事务和建章立制，其中，动员、组织社会参与，妥善处理垃圾，维护社会秩序、效率、正义和公平是重点。动员、组织治理主体广泛参与并协调、统一其行为是垃圾治理的基础，也是垃圾治理的难点；处理垃圾是垃圾治理的核心事务，包括垃圾源头减量与排放控制，垃圾收集、运输、资源化利用和焚烧填埋处置及其相关的事务；建章立制是垃圾治理的保障，垃圾治理要通过法律法规、制度、规划、标准等规范垃圾治理的动员、组织、运行、评价和保障等活动。垃圾治理的"事"涵盖垃圾管理的"事"和垃圾处理的"事"，但与管理者的命令、监控人的行为不同，垃圾治理重在协商、协调人的行为和平衡私利与公益。

垃圾治理的"世"是垃圾治理的人、物、事所形成的治理体系及其子体系，如共治体系、处理体系、制度体系、法律体系等垃圾治理子体系。治理体系是人、物、事相互作用的结果，是人、物、事相互联系的纽带，也是对人、物、事相互关系的规范约束。垃圾妥善治理就是要实现人尽其才、物尽其用、事事得体和垃圾治理体系简单高效、有序和谐。

人有人理，物有物理，事有事理，世有世理，"理"就是客观规律。垃圾治理要认识和掌握"人理""物理""事理""世理"，建立正确的垃圾治理世人物事关系，做到"主体协商协调、共治共享""资源统筹配置、互补共享""事务权衡轻重缓急，有条不紊，协调覆盖""体系简单高效、有序和谐""事因人物而设，体系因事而成"和"垃圾治理的世人物事皆围绕垃圾治理准则运行"；认识和掌握垃圾治理随时间、空间变化的运动学，做到"因时而进，因地制宜"；认识和掌握驱动垃圾治理运动变化的动力学，做到因势而变。

垃圾治理是一门关于垃圾治理各要素间关系的科学，研究的主要维度、方向和课题见表 1-1。垃圾治理要应用人类学、人文学、社会学和自然科学的研究成果，采用规范性研究方法和实证研究方法，研究垃圾治理世人物事的运动变化规律及其相互作用；重点研究垃圾治理体系、动力、方法和准则，研究垃圾产生者、垃圾处理者、政府三者的行为、关系及其对社会的作用，研究政府、社会、市场之间的关系，研究市场和科学技术对垃圾治理的作用，研究垃圾及其治理与经济社会发展之间的关系，与"资源""环境""生态"保护之间的关系，区分公共服务性事项与经营服务性事项，正确处理垃圾治理的公益与私利、供给与需求、效率与公平、政府主导与市场化、垃圾及时处理与垃圾治理可持续发展等主要矛盾，促进发展与保护的统一、垃圾治理与商品正生产的融合发展、垃圾治理体制与行政管理体制和社会自治体系的统一、管理与心理行为的统一、人与物的统一、个体与社会的融合、垃圾治理供给与需求的均衡、政府与社会协商共治和垃圾治理体系有序和谐。

表 1-1   垃圾治理研究的主要维度、方向和课题

维度	方向	课题
人与物统一	人与垃圾之间的关系	垃圾产生（排放）权；垃圾确权；垃圾排放权交易
		人与垃圾关系的分析模型，个体选择，个体及社会对垃圾的态度，看客心态
		垃圾的聚落性（俱乐部性）、公共性、外部性、邻避性
		垃圾组成、物化性质、产量的变化
		源头需求侧管理；垃圾分类的推广曲线
	人与资源、环境、生态的关系	垃圾及其治理对资源、环境、生态的作用
		人面对欲望与稀缺资源环境时的权衡与选择
		社会契约、伦理道德与政策激励的作用
		经济、社会、政治、文化和科学技术进步的作用
		人的心理行为与自然规律的统一（天人合一）
		发展与保护的统一
个体与社会融合	个体内部、社会内部的关系	商品生产者与垃圾产生者之间关系
		家庭与小区、社区之间关系
		垃圾产生者与垃圾处理者之间关系
		小区、社区、集体（聚落）、更大范围社会之间关系
		垃圾产生者、垃圾处理者、政府三者之间关系
		生产与生活的统一，垃圾治理融入循环经济发展格局

维度	方向	课题
个体与社会融合	个体与社会之间的关系	垃圾治理体系：共治体系、产业体系、法制体系、评价体系、保障体系
		垃圾产生者与社会的关系，垃圾处理者与社会的关系，政府与社会的关系
		政府与社会之间协商共治，公共性服务与经营性服务
		自治与他治的统一，私利与公益的统一，人与社会的统一，外部性内部化，垃圾排放的外部性，垃圾治理的外部性，自然人、经济人、社会人、政治人的统一
		跨域合作，城乡一体化
		垃圾治理方法，德治、法治、自治三治合一
供给与需求均衡	供给与需求规律	垃圾处理需求曲线及其变化，垃圾处理供给曲线及其变化
		垃圾处理需求量和供给量，垃圾处理刚性需求、供求均衡和应急供给
		垃圾排放费、垃圾处理费及其统一
		垃圾处理体系
		政府、社会与市场之间协同增强
	垃圾处理供求的政策激励	垃圾均衡处理、弹性处理、从容处理
		维护社会秩序、效率、正义与公平
		垃圾收集、运输、处理一体化
		同质垃圾协同处理
		垃圾治理集约化、自动化、电动化、数字化、智能化、智慧化在垃圾源头需求侧管理和垃圾处理中的应用
垃圾治理体系"有序""和谐"	垃圾治理世人物事的关系	垃圾治理体系与垃圾治理人、物、事的关系，垃圾治理体制与行政管理体制和社会自治体系的融合发展，垃圾治理与商品正生产的融合发展
		垃圾治理世人物事的运动变化规律，垃圾治理人与物的可得性、事务设置的科学性、体系的适用性与适应性，管理与心理行为的统一
		垃圾治理的动员、组织、运行、监督、评价、保障方式方法
		垃圾治理动力，"推行""实施""体系""互动"4种动力的内在逻辑
		规范体系：法律法规、行政管理制度、经济制度、规划、标准、政策
		垃圾治理案例分析
	垃圾治理准则	垃圾治理原则："协商共治，统筹规划"原则，"有序""有效""公平""正义"原则，"事因人物而设，体系因事而成"原则，"因时制宜""因地制宜""因势制宜"原则，就地就近处理原则，"减量化""资源化""无害化""社会化"原则，"产生者负责""污染者担责"原则
		垃圾治理的基本特征、基本任务、基本要求、基本制度、基本规律
		垃圾治理判断准则：人尽其才，物尽其用，事事得体，体用俱全，体系"简单高效，有序和谐"，垃圾治理"减量化、资源化、无害化、社会化、集约化、人民满意"

1.1.3　垃圾治理逆生产是循环经济的组成部分

垃圾治理，与社会化生产一样，是一种物质与精神的生产过程。"资源变成垃圾"过程是资源为生产生活使用而最终变成垃圾的过程，伴随商品正生产（社会化生产）过程而发生。"垃圾变成资源"过程与"资源变成垃圾"过程相反，是通过垃圾处理和垃圾治理过程，将商品正生产过程中产生的垃圾进行资源化利用的过程（商品正生产过程中产生的垃圾包括生产、分配、交换、消费过程中产生的废物和商品功能退化后被丢弃的垃圾）。

垃圾治理不仅将"垃圾变成资源"，为生产、生活提供原料和燃料，而且，将垃圾治理信息反馈给商品生产者，促使其推行绿色生产，抑制"资源变成垃圾"，如通过调整产品规划设计、生产工艺技术、原材料采购、销售策略和废旧产品回收计划等，改变垃圾产量、种类和物化性质。

与商品正生产对应，垃圾治理（处理）可称为"垃圾治理逆生产"。垃圾治理逆生产是循环经济必不可少的组成部分，垃圾治理本体具有循环经济基因，当且仅当商品正生产与垃圾治理逆生产闭环时才能形成循环经济发展格局，如图 1-1 所示。垃圾治理只有融入循环经济发展格局，为生产和生活服务，才是正道。

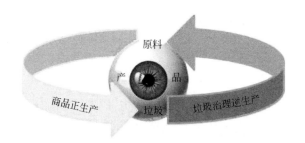

图 1-1　循环经济发展格局（垃圾治理逆生产与商品正生产闭环）

垃圾治理的经济任务是促进垃圾治理与商品正生产融合发展，为生产和生活服务。垃圾治理要通过政府与社会良性互动，共同推动垃圾处理产业发展，生产商品正生产所需要的原料、燃料、允许排放的垃圾额度（垃圾排放权）和垃圾治理的相关信息，构建"商品正生产—垃圾治理逆生产—商品正生产"的循环经济发展格局，实现垃圾妥善治理和垃圾治理与商品正生产融合发展，同时改善生态环境和促进社会治理。垃圾治理既是一项经济活动，又是一项社会活动。

1.1.4 垃圾治理的基本特征

垃圾治理是政府与社会协商共治垃圾，面对的客体虽是物质性垃圾，却又回避不了产生、排放、处理垃圾的人和人类社会；垃圾治理不得不与生产、生活、社会治理和资源、生态、环境保护等人类活动一起协同共进，且反作用于这些人类活动。垃圾治理因此而具有"政府主导""政府与社会协商共治""维护社会秩序、效率、正义与公平"三个基本特征。

（1）政府主导

"政府主导"是垃圾治理的保障。

垃圾治理具有社会性和主体多元性，而且，垃圾和垃圾治理具有外部性、公共性和跨界性。

垃圾是邻避物，垃圾的排放具有外部不经济性，对生态环境和人体健康具有一定危害，损害社会公共利益，阻碍社会经济可持续发展；排放前的垃圾是个体的私有品，排放后的垃圾是一种"公共资源"（具有竞用性但不具有排他性）。

垃圾的治理具有外部正经济性，降低垃圾治理者供给垃圾治理服务的积极性，但有利于维持垃圾产生（排放）地的生产、生活、环境秩序；垃圾治理的服务性产品——环境容量，是纯粹的"公共物品"（既不具有竞用性也不具有排他性）。需要指出的是，垃圾治理设施，尤其是大中型垃圾处理设施，是典型的邻避设施，减少设施周边地区的发展机会，具有外部不经济性。

垃圾及垃圾治理的外部性和公共性造成资源低效配置和供求不均衡，降低市场效率。此外，垃圾治理具有跨界或跨域特性，常常跨越人群、社区、行业与城市功能区，甚至跨越行政区划、经济带与政治区域。

鉴于垃圾和垃圾治理具有多元性、社会性、外部性、公共性和跨界性，以及垃圾处理产业的总规模较小、成本高、产出少而垃圾产生（排放）者的付费意愿较低，导致竞争市场难以实现供求均衡价格，难以保障垃圾处理服务的长期、稳定供给，为维护社会公益、正义与公平，维护经济社会秩序，政府不仅要发挥治理主体作用，更应起到主导作用。

政府要行使政府权力，履行政府职能，完善法制、规划和政策，倡导公序良俗，依法统筹垃圾治理，参与垃圾处理作业，起到"掌控""督办""引导"三种程度的主导作用，主导好4个方面：

① 牵头制定并量化垃圾治理准则，尤其是垃圾妥善治理准则，如"减量

化、资源化、无害化、社会化、集约化、人民满意"等，指引垃圾治理方向，规范垃圾治理的世人物事围绕准则运行。

② 发挥统筹、决策、推行、动员等优势，统筹各地区、各阶层、各行业、各社区、各治理主体的利益，兼顾自治与他治，兼顾私利与公益，兼顾效率与公平，完善公共政策，科学决策，果断施策，严格监督，动员与引导社会对具体事务自我管理和自主自治，推动垃圾治理体系建设，推动垃圾治理一体化融合发展，集中力量解决垃圾治理的难点、焦点、热点问题，维护社会秩序。

③ 尊重市场规律，坚持市场的导向与资源配置作用，善用经济手段，发挥市场机制的自我调节功能，优化资源配置，增强行业的竞争性，集中力量办大事，提高垃圾治理的效率，促进公共利益和社会福利极大化，推动垃圾妥善治理。

④ 主导应急管理和公益性较强或危害性较大的垃圾处理或处理环节与作业，集中力量办急事，维护社会安全，确保垃圾得到妥善处理。

（2）政府与社会协商共治

"政府与社会协商共治"是垃圾治理的方法。

垃圾治理是社会的自身事务，需要政府主导，也需要社会自主自治，这就注定垃圾治理需要政府与社会协商共治。社会所想应是政府所向，政府所指便是社会所行，政府是社会的屋顶，社会是政府的支柱，政府与社会之间理当协商共治。垃圾治理是在政府主导下，政府、居民、企事业单位、非政府组织等多元主体之间通过协商、互动与合作，共同处理垃圾事务及实现治理绩效的过程，需要政府与社会各负其责、积极作为并良性互动，发挥自然规律、社会规律和经济规律等客观规律的作用，尤其需要完善市场竞争体系，充分发挥市场作用，协调推进。"政府与社会协商共治"是垃圾治理的核心。

（3）维护社会秩序、效率、正义与公平

"维护社会秩序、效率、正义与公平"是垃圾治理的社会责任。

垃圾治理要守住底线，做到垃圾及时处理，保障社会公众排放垃圾与适度参与的权利；要不碰安全红线，保障生命、生产、生活、生态"四生"安全；要发扬光大"天下大同""先天下之忧而忧，后天下之乐而乐""苟利社稷，不顾其身"的社会优先精神，善己善人，切实维护社会秩序、效率、正义和公平。

垃圾治理要构建循环经济发展格局，与生产生活协同共进，促进生产生活和社会经济可持续发展；要减少资源消耗和垃圾产量，促进垃圾资源化利用，减少填埋处置的无用垃圾量，与资源保护协同共进，开发利用和保护资源；要防治垃圾及垃圾处理过程的污染性和危害性，要减少碳氧化合物的产生量与排放量，与生态环境保护协同共进，保护生态环境；要坚持德治、法治、自治三治并举，科学设置垃圾治理事务，公平分配垃圾治理服务，与社会治理协同共进，维护社会公共利益，公平参与，公平竞争。垃圾治理要实现"减量""循环"的资源保护目标、"环保""低碳"的生态环境保护目标和"正义""公平"的社会治理目标。

垃圾治理要分析各类垃圾的源头减量与排放控制、物质利用、能量利用和填埋处置的市场化指数和事业化指数，指导政府、社会正确使用市场"看不见的手"，把市场能胜任的垃圾处理环节与事务交给市场，次之按企业化标准管理，优化资源配置，提高垃圾治理效率；同时，不夸大市场力量，不减免政府、社会的责任，该政府主导的就政府主导（包括政府掌控、严加监督和强力引导），该社会自治的就社会自治，维护社会公益、正义与公平。政府、社会、市场要权利清晰、责任明确、义无反顾、渡人渡己、和谐与共。

垃圾治理要统筹各方利益，将社会化劳动资本化，兼顾公益与私利，兼顾效率与公平，尤其要让商品生产者和商品消费者承担垃圾治理责任与义务。垃圾是生产和消费的产物，生产追求利益，消费追求享受，生产和消费权利当然要受到保障；但商品生产者应坚持可持续生产，商品消费者应坚持可持续消费，不能任性地生产和消费；而且，其产生的垃圾排放前属于私有品（"产生者负责""污染者担责"原则的依据），商品生产者和商品消费者应承担源头需求侧管理的责任与义务。垃圾治理要完善法制和行政、经济、治安等制度，让责任、义务与权利对等，阻断资源变成垃圾的利益链，让商品生产者与消费者，让垃圾产生者，树立垃圾成本意识，让任性付出沉重代价，防治无节制生产与消费而又逃避垃圾治理责任与义务的侥幸心理。

其实，社会成员在垃圾治理活动中形成多个利益相关方，他们的利益诉求及其在垃圾治理中的分工各有侧重。从商品生命周期（包括商品生产、消费和垃圾处理全过程）角度分类，垃圾治理的社会主体可归类为垃圾产生者、垃圾处理者和商品生产者3大利益相关方。

垃圾产生者负有"产生者负责"责任，包括源头减量、按规定贮存与投放及缴纳垃圾排放费等。垃圾处理者负有妥善处理垃圾和提供垃圾处理相关服务等责任。商品生产者负有垃圾治理的延伸责任，包括减少转移给商品消费者的产品废弃物的产量，提供垃圾治理相关技术、信息和回收利用相关垃圾。其实，商品生产者亦是垃圾产生者，商品生产者制造与向商品消费者转移产品废弃物，是隐形的垃圾产生者；而且，商品生产者直接产生工业垃圾，是地地道道的垃圾产生者；商品生产者不仅负有商品生产者的延伸责任，还负有垃圾产生者的直接责任。

从垃圾治理逆生产角度分析,垃圾治理的社会主体可归类"源头需求侧"和"垃圾治理服务供给侧"两大利益相关方。源头需求侧是垃圾产生者与垃圾处理服务需求者的统称,与商品生产者与消费者相分离不同,源头垃圾产生者(排放者)同时也是垃圾治理服务的需求者(受益者),即源头垃圾产生者和垃圾治理服务的需求者实际上是一个主体,可统称为"源头需求侧"。对应源头需求侧,垃圾处理者可称为"垃圾治理服务供给侧"。

垃圾处理服务供给侧与源头需求侧是垃圾治理服务的供求双方,这一点与商品正生产相同;有所不同的是,源头需求侧用自己的劳动向垃圾处理服务供给侧提供垃圾原料,如通过分类向垃圾处理者提供分类垃圾。

在商品正生产那里,原料和工人劳动是确定、可计量的,且都已经资本化,商品生产者购买原料和劳动。但在垃圾治理情形下,垃圾处理者处理的垃圾是经过垃圾产生者和源头需求侧加工过的废物,即垃圾产生者和源头需求侧付出了劳动,垃圾处理不再是垃圾处理者一家之事,使得垃圾排放和垃圾处理都带有社会化劳动。此时,必须将垃圾产生者和源头需求侧的劳动资本化,建立垃圾排放征费制度,唯有如此,才有可能制定出合理的垃圾处理费,均衡源头需求侧与垃圾处理服务供给侧的利益。

利益相关方的分类依据不同,会得到不同的利益相关方,相应的利益诉求及其在垃圾治理中的作用也会不同,他们与政府的关系也随之变化,再考虑到垃圾治理的公益性和政府的主导作用,可以预见,垃圾治理的政治经济学将给出不同的指导意见,但总目标是统筹各方利益,维护社会秩序、效率、正义与公平。

1.1.5 垃圾治理原则

垃圾治理原则是规范治理主体行为和垃圾处理的准则。根据垃圾治理的定义、特征、目标和特殊性,结合垃圾的性质,可总结垃圾治理原则如下。

(1)"协商共治,统筹规划"原则

"协商共治,统筹规划"是垃圾治理的组织原则,是垃圾治理的标志性原则和核心原则,表明垃圾治理是政府与社会协商共治,垃圾治理主体的一切治理事务和活动都应统筹规划。

(2)"有序""有效""公平""正义"原则

"有序""有效""公平""正义"是垃圾治理的目标原则。垃圾治理要妥善处理发展与保护的关系，妥善处理政府、社会与市场的关系，妥善处理私利与公益的关系，科学设置垃圾治理事务，树立正确的垃圾治理世人物事关系，使垃圾更加具有资源性，使垃圾处理更加高效，使垃圾治理更加具有价值，维护社会秩序、效率、公平与正义。

（3）"事因人物而设，体系因事而成"原则

"事因人物而设，体系因事而成"是树立正确的垃圾治理世人物事关系的事务设置原则。垃圾治理要根据具体的人与物设置垃圾治理事务，而且设置垃圾治理事务时必须考虑垃圾治理体系建设的需要，确保事事得体，体用俱全。

（4）"因时制宜""因地制宜""因势制宜"原则

"因时制宜""因地制宜""因势制宜"是垃圾及垃圾治理运动变化规律所决定的垃圾治理行为原则。垃圾及垃圾治理随时空运动变化，需要因时制宜和因地制宜；垃圾治理"推行""实施""体系""互动"4种动力互作增效和推动垃圾治理演化，垃圾治理需要因势制宜，顺势而为。垃圾治理要顺应现在的时、地、势，亦要顺应时、地、势的变化，保证可持续发展。

（5）垃圾就地就近处理原则

垃圾就地就近处理原则是垃圾及垃圾处理的外部性和污染性所决定的垃圾处理设施选址原则。垃圾就地就近处理便于将垃圾及垃圾处理的外部性内部化，将污染性控制在垃圾产地（排放地）附近的小范围内，同时，减少垃圾运输的沿途污染，降低垃圾运输成本。

（6）"减量化""资源化""无害化""社会化"原则

"减量化""资源化""无害化""社会化"是垃圾的物化性质和社会性质所决定的垃圾治理行为原则。"减量化""资源化"要求垃圾治理与资源保护协同，与商品生产协同；"无害化"要求与生态环境保护协同，包括与应对气候变化（减碳）协同；"社会化"要求垃圾治理与社会治理协同。

减量化就是减少生产生活和垃圾处理过程中的垃圾产生量和排放量，借此减缓资源变成垃圾的速度和减轻资源变成垃圾的程度，达到节约与保护资源的目的。垃圾减量不仅指狭义的源头垃圾减量，也包括广义的已排放垃圾处理过程中的"二次垃圾"减量；而且，垃圾减量不仅涉及垃圾产生量更涉及垃圾排放量，垃圾产生者要通过回收利用已产生垃圾的资源，减少垃圾排放量（无用垃圾）。垃圾是资源消耗的产物，生产生活过程要少消耗资源和少

排放无用垃圾，垃圾治理要优先且尽量减量化。

资源化就是综合利用垃圾的资源，包括物质利用和能量利用。资源是在一定条件下才失去使用价值而成为垃圾，这是"资源变成垃圾"的过程；改变条件有可能让垃圾重新具有使用价值，成为生产生活的原材料、燃料等资源，这是"垃圾变成资源"的过程。这说明，垃圾在来源和出向上都具有资源性。垃圾治理要加强垃圾的资源化利用，并构建"资源—垃圾—资源"的资源保护闭环。

无害化就是垃圾处理要做到对生态、环境、资源、健康、生命无害，狭义指垃圾处置要做到无害化，广义指垃圾处理全过程都要做到无害化。一方面要在垃圾贮存、运输过程中对垃圾进行稳定化、无害化处理，另一方面要在垃圾处理处置过程中减少有害物的产生量与排放量，包括减少碳氧化合物的产生量与排放量（低碳化）。垃圾自身具有污染性，垃圾处理过程也具有"二次污染性"，垃圾治理必须实现无害化。

社会化就是全社会任何人（包括法人和自然人）都要参与垃圾治理，都要为促进社会公益极大化而妥善治理垃圾。垃圾治理是主体多元且其影响具有社会性的社会化治理：任何人都产生垃圾，"资源变成垃圾"对任何人都产生负面影响，"垃圾变成资源"又让任何人都受益。垃圾治理涉及所有人和一切为人服务的活动，事关个体利益、社会公益、社会秩序和经济社会发展，具有社会性，需要社会化。

（7）"产生者负责""污染者担责"原则

"产生者负责""污染者担责"是垃圾产生（排放）权和垃圾处理权所决定的垃圾治理责任原则，是权责对等的体现。垃圾产生者和垃圾处理者在享受权利的同时，要对自己的行为负责；垃圾产生（排放）者要对自己产生（排放）的垃圾的妥善处理负责（常见方式是缴纳垃圾排放费）；垃圾处理者在获得垃圾处理费（收益）的同时，要为垃圾处理过程中产生（排放）的二次废物（包括污染物）的处理负责；垃圾产生（排放）者和垃圾处理者要为自己行为对生态环境产生的污染和破坏负责，承担侵权责任，构成犯罪的应承担刑事责任且不得以罚代刑。

1.1.6 垃圾处理、管理、治理的区别

垃圾处理、垃圾管理和垃圾治理的研究对象各有侧重。垃圾处理只关心如何处理垃圾而不关心社会怎样产生与排放垃圾，侧重已排放垃圾的物质性；

垃圾管理是政府要求社会怎样产生、排放和处理垃圾，侧重行政命令式管制；垃圾治理是政府与社会一起协商垃圾产生、排放和处理事务，侧重协商共治。

垃圾处理的研究对象是垃圾处理方式方法，包括垃圾的性质及垃圾处理的组织、方法和工艺技术等，属于工程技术领域，研究内容侧重于垃圾的减量化、资源化、无害化和集约化处理方面，目的是妥善处理垃圾，提供社会经济发展所需要的产品和提高处理效率与效益，强调的是垃圾源头需求侧管理（源头减量与排放控制）、逆向物流（包括收集、贮存、交易、运输等物流活动或环节）、物质利用、能量利用、填埋处置等处理方法及相关作业简单高效、协调推进，促进垃圾处理产业化与产业发展，实现垃圾妥善处理。

垃圾管理的研究对象是垃圾治理的行业管理和作业管理，重点研究政府对垃圾治理行业的行政管理，研究内容侧重于政府干预的方式方法和各种工具、手段及其应用，属于管理学范畴，目的是保证垃圾治理行业与作业有序发展，保证垃圾治理实现无害化、资源化、减量化和社会化，强调的是政府、垃圾处理者的管理作用。

垃圾治理的研究对象是政府、社会及社会各利益相关方之间互动的方式方法，包括政府、社会及社会各利益相关方之间及其与市场、科学技术等之间的复杂关系，如上下级或平级政府之间的关系，社会公众之间的关系，政府与社会之间的关系，政府、社会与市场、技术之间的相互作用；研究内容侧重于垃圾治理的社会化方面；其目标是统筹各方利益和社会成本，均衡效率与公平，遏制政府、社会和市场障碍，促进垃圾治理和谐发展，实现垃圾妥善治理。

所谓垃圾妥善处理是指兼顾公平与效率前提下的无害化、资源化、减量化、集约化处理，系指物质、技术、经济意义下的处理垃圾功能，即源头减量与排放控制、逆向物流、物质利用、能量利用、填埋处置等处理，向社会提供物质、能量、环境容量等资源性产品和垃圾处理服务、相关投诉的处理服务及资源、生态、环境保护教育等服务性产品，保证垃圾及时、安全、高效、无害化处理和市场失灵时的应急处理，确保生命、生产、生活、生态、环境和健康安全，强调资源、环境目标。简言之，垃圾妥善处理就是有效处理物质性垃圾。

所谓垃圾妥善治理，除妥善处理要求外，还包括社会治理意义下的整体治理功能，即保护资源、环境、生态，提高垃圾治理的社会化水平，增进社会良性互动，维护社会公益，提高社区治理和社会治理水平，促进生产生活"简单高效、有序和谐"，实现减量化、资源化、无害化、社会化、集约化和人民满意等目标最优，强调资源、环境和社会治理目标。简言之，垃圾妥善治理就是有机统一垃圾的自然属性与社会属性，赋予物质性垃圾处理人性化、人格化和人文化。

1.2 垃圾治理的基本任务

设置垃圾治理的"事"是垃圾治理的重要任务，而且"事"关系到垃圾治理人、物的利用和垃圾治理体系的建设，垃圾治理要"事因人物而设，体系因事而成"，不可"没事找事"。垃圾治理的"事"包括协调垃圾治理主体的行为、处理垃圾和向社会提供与垃圾治理相关的服务三大类，核心事务是处理垃圾，基本任务是源头需求侧管理、垃圾处理体系建设与管理、垃圾治理服务的供求均衡、垃圾治理效率与公平的均衡。

1.2.1 完善源头需求侧管理

完善源头需求侧管理体制和机制，调动企事业单位、政府组织、社会组织、社区、家庭和公民的参与积极性，促进社会自治，推动源头减量和排放控制，为后续无害化（包括低碳化）、资源化、集约化处理创造有利条件。

切实落实垃圾产生者负责原则（污染者担责原则）、生产者责任延伸制度、消费者付费原则和受益者补偿原则，厘清商品生产者、垃圾产生者（排放者）和垃圾处理者的责权利。

要将源头需求侧管理资本化。实行"多产生（排放）多付费""减排补贴，超排惩罚"等经济政策，建立健全垃圾排放"按类按量计价计费"征费制度，强化公众的垃圾产生（排放）成本意识和绿色低碳观念，降低资源消耗、产品废弃物产量、垃圾产量和排放量。

建立健全源头需求侧自治、法治、德治"三治并举"体系，用自治提升内生力，用德治提升凝聚力，用法治提升执行力，夯实公众源头减量与排放控制基础，厉行节约，反对浪费，践行绿色低碳生产生活，推动垃圾分类贮存、排放与回收，促进垃圾就地就近资源化利用，降低垃圾产生量、排放量、清运量和末端处理量。

完善源头需求侧管理要重点做好分流分类，促进源头减量与回收。

（1）做好分流分类

① 大分流。将大类垃圾及含水率高、易腐烂和有害垃圾等特殊种类垃圾分流处理。大类垃圾主要有生活垃圾、建筑垃圾、工业垃圾、农业种植垃圾、电商包装垃圾、车用动力电池、废弃车辆和电子电器垃圾；含水率高且易腐

烂垃圾主要有厨余垃圾、城镇污水处理厂污泥、粪渣、动物尸骸、养殖垃圾和绿化垃圾；有害垃圾主要有毒性垃圾、致病性垃圾、生态环境有害物，如有机溶剂、医疗垃圾、铅蓄电池等，下列5类有害垃圾必须分开处理：

第一类，毒性垃圾：石棉、农药、有机溶剂、重金属、砷、氰化物、二噁英类物质及其他毒性垃圾。

第二类，致病性垃圾：来自医疗机构、医事检验所、医学研究单位、生物科技研究单位等。

第三类，腐蚀性垃圾：pH≤2.0或pH≥12.5。

第四类，含多氯联苯（PCB）、多溴联苯（PBB）的垃圾：含PCB、PBB的电容器、变压器等电子电器及树脂、橡胶等其他垃圾。

第五类，放射性垃圾。

② 细分类。在大分流基础上，对各类垃圾进行分类，以便后续利用处理。对生活垃圾，排放者起码要做到干湿分类，其后，再组织力量对干垃圾进一步细分。

（2）促进源头减量和回收

发挥企业（包括物业管理企业）、社会组织、社区、家庭和居民的作用，促进源头减量和回收。强化垃圾产生者负责原则和生产者责任延伸制度，减少生产、运输、销售、消费各环节的资源浪费和垃圾产量；完善群众性回收体系，通过回收利用再生资源减少垃圾排放量；促进垃圾治理与生产生活相融合，建立"资源—垃圾—资源"的资源节约与保护闭环。树立可持续生产与消费观念，鼓励生产者创新商业模式，为消费者提供商品使用价值的消费性服务功能产品，促进消费者改变物质商品购买方式为消费性服务功能购买方式。

完善生产者责任延伸制度。推动机团单位（国家机关、社会团体、群众自治组织等）、企事业单位、社区和小区实施垃圾合同管理；鼓励商品生产者推进清洁生产和绿色低碳认证制度，鼓励使用清洁能源和原料，采用先进工艺、先进技术和先进管理，推进节能、节水、节地、节材、减排和增效，提高资源投入产出率，减少产业垃圾和产品废弃物；建立产品制造、运输、销售、维护、报废、回收利用一体化服务体系或产销联盟，建立健全产品废弃物强制回收清单，拓宽商场商店和生产厂家回收可回收物（资源垃圾）途径，切实做好生产厂商的资源回收利用工作；倡导服务商销售产品使用权并回收废旧产品；鼓励生产者采用再生产品作为原材料，促进再生产品进入正生产过程；要求生产者为产品配备产品废弃物管理指南，指导消费者、服务商和回收商妥善处理产品废弃物。

完善回收站点回收、摊点回收、流动回收等全民回收体系，便捷群众性回收，提高资源回收利用效率。建设废旧商品二手交易市场，鼓励重复使用。建立收集（包括回收）、拆解分拣、仓储、配送和运输五位一体的物资回收公司及资源回收中心（多功能中转站），提高企业的盈利能力和竞争力。规范收运、回收办法，建立健全家具、空调、电视、冰箱等大件垃圾、特殊垃圾和有害垃圾的排放预约制度，鼓励空调、电视、冰箱等废旧家电由销售商家、产销联盟回收或由其联系家电回收受理中心处理。

鼓励商品消费者可持续消费。建立健全垃圾排放"按类按量计价计费"征费方法，强化垃圾产生（排放）成本意识，鼓励群众性分类、回收、脱水、家庭堆肥或沤肥等源头自处理。

推广商品使用权（使用功能）销售模式。倡导商品消费者淡化物质占有欲望，只购买使用功能（物质产品的使用权），而非传统的通过采购、拥有物质性产品获得产品的使用价值；倡导服务供应商通过销售物质产品的使用权（使用功能）向消费者提供产品的使用价值，自己拥有物质性产品（物质所有权）并回收利用废旧产品，为实现源头物质循环利用创造条件。

重点做好以下 6 项工作：a. 遏制"白色污染"；b. 遏制过度包装；c. 推广集中供热供冷、管道燃气、有线电视、租车服务及公共交通服务、熟食外卖、净菜进市等服务模式；d. 减少使用一次性用品；e. 倡导节约用纸；f. 鼓励重复使用、再造利用和再生利用。

1.2.2　建立协调的垃圾分类处理体系

建立健全源头减量、分类、收集、运输、资源回收体系，建设具有足够能力和供给弹性的处理设施，促进垃圾处理链的源头减量、排放（控制）、收集、转运、处理（资源回收利用）、处置等作业环节形成产业链。落实"谁治理谁获利"原则，综合利用法律手段、经济手段、科技手段和行政手段，确保垃圾处理产业发展，形成以资源回收利用为核心的垃圾分类处理循环经济体系，回收利用再生资源和能量资源，减少后续环节的垃圾处理量和进入填埋场的处置量。

（1）建立完善的收运体系

完善垃圾收运方法，促进垃圾收运专业化、企业化和市场化。建设回收、分拣、压缩、集散多位一体的专业化垃圾中转中心，完善逆向物流交易平台，优化垃圾逆向物流体系。建立专业、高效的收运队伍，调动负有收运责任的生产和销售企业、利废企业和政府指定的收运单位的积极性，组建和规范大件家具家电、餐饮垃圾、建筑垃圾、医疗垃圾、动物尸骸、粪渣收运队伍，建设满足特殊收运需要的特殊垃圾收运能力，推行联单转运制度。

（2）建立完善的再生资源回收体系

建立城乡回收站点、分选中心、集散市场"三位一体"的再生资源回收体系，建立可回收物回收利用产销联盟和虚拟垃圾资源化利用产业园，完善逆向物流体系，实现再生资源回收利用与垃圾分流分类对接，促进二手物品、再造产品、再生产品交易，开展集约化拆解和精细化分拣，强化废旧商品再利用。

（3）建设足够处理能力的处理设施

建设足够处理能力的逆向物流、物质利用、能量利用和填埋处置设施，推进垃圾处理各个环节的协调发展，推进垃圾综合治理和弹性处理。加大可回收物的回收利用，把物质回收利用纳入垃圾处理产业园；建设足够处理能力的生物质、建筑垃圾的资源化利用设施；建设足够处理能力的焚烧发电厂；建设足够库容的满足炉渣处置和应急所需的填埋场。推动垃圾处理体制、区域一体化，增大垃圾处理的协同效应。重视乡镇农村垃圾处理设施建设，提高乡镇农村垃圾处理水平。

1.2.3 建立均衡的垃圾治理供求关系

在研究垃圾治理的主体作用、需求与供给的基础上，研究与建立健全垃圾治理的运行方式和垃圾治理的供求关系，维持垃圾处理服务需求与供给秩序，并动用政府管制工具，尤其是经济工具，协调社会各利益相关方的利益与社会公共利益，保障供求价格合理、稳定和垃圾从容治理。

（1）明确垃圾处理供求调节目标

任何生产与生活活动都产生（排放）垃圾，经济社会发展导致垃圾组成、性质、产量（排放量）变化，这些变化中的垃圾需要得到妥善处理。因此，垃圾治理需要垃圾处理供求调节，以引导垃圾合理变化和确保供求均衡。

垃圾处理供求调节要重点注意 3 种情况。a. 确定垃圾处理的刚性需求及其对应的供给价格。基本的生产与生活秩序下，生产与生活过程会不可避免地产生（排放）一定质与量的垃圾，这个垃圾量就是经济社会的刚性需求量；垃圾处理供给必须具有满足刚性需求的保底能力，而且给出合适的供给价格，既要促进生产生活又要有利于垃圾处理行业可持续发展。b. 维持正常状态下的垃圾处理供求均衡。促进垃圾源头减量与排放控制，建设协调的垃圾处理体系，发挥市场的价格调节作用，建立相对长期、稳定、均衡且具有弹性的垃圾处理供求关系，妥善处理已经排放的垃圾，维护私利公益。c. 保障应急供给。建设应急兜底设施，确保垃圾处理设施和经济社会突发事故以致垃圾处理供给不能满足垃圾处理需求时，垃圾可以得到妥善处理。

（2）坚持政府主导、市场导向和企业化运作

研究垃圾治理的人理、物理、事理和世理，尤其要研究垃圾处理环节和作业的市场化能力，建立健全垃圾治理的运行方式，该政府主导的便政府主导，该市场化运作的便市场化运作。就垃圾处理而言，应急填埋设施宜政府掌控，垃圾焚烧处理设施宜在政府督导下企业化经营，物质利用和垃圾运输宜在政府引导下市场化运作，由此可见，垃圾治理运作方式是一种政府运作、政府督导企业运作和市场化运作并存的混合体，应坚持政府主导、市场导向和企业化运作。为此，要建立健全垃圾治理的竞争机制（包括社会力量准入与退出机制），建立健全经济调节平台，创新投融资模式和商业模式，完善供给方式，建立健全以服务效果为重点的考核考评机制，确保垃圾治理服务的供给满足社会需求。

（3）合理应用"行业定价法"及其他经济手段

以垃圾治理行业可持续发展为宗旨，落实"分级处理、逐级减量"原则，确定垃圾分类处理的方式与规模，鼓励某些处理方法和某些种类垃圾的分类处理，压制成本太高而社会效益不显著的处理方法和不同种类垃圾的分类处理，维持适度、相对稳定的垃圾处理服务综合单价，维持适度的垃圾处理服务供给的价格弹性，保障垃圾处理服务供给，维护垃圾产生者（排放者）和垃圾处理者的权利，促进垃圾源头减量与分类排放，确保垃圾得到妥善治理，同时，垃圾处理能力尤其是填埋处置库容应留有一定余量，以备垃圾排放量增大和发生突发事件时应急之需，确保垃圾从容处理。

（4）让垃圾处理者与垃圾产生（排放）者直接"交易"和融合

坚持划片治理与社会自治。缩小治理规模，锁定垃圾来源，整合垃圾排放者与处理者，让垃圾排放和垃圾处理的外部性于当地正负抵消，即内部化，

从而优化资源配置。这里的划片治理主要指源头需求侧管理，至于后续的垃圾处理则应考虑规模效应。

垃圾是不会流动的固体废物，只要不偷运偷排，其影响主要局限在垃圾所在地范围，是一种具有俱乐部性质的"公共资源"，可以"划片而治"。而且，较小区域内居民偏好的类似程度高于较大区域内居民偏好的类似程度，有利于降低集体选择的难度；此外，划片治理可以减轻责任分散效应、搭便车效应和不值得定律等心理效应的影响。人以群分，中国社会本来就具有聚落特质，即使素不相识的人居住一起，久而久之也会形成相似的偏好，正是这一点使得垃圾具有聚落性。

（5）协调商品生产者与商品消费者之间的利益

消除法制、行政、社会、市场及技术壁垒，优化资源配置与治理成果分配，既保障垃圾治理主体的利益又保障垃圾治理所涉及的群体或集体的利益，保障个体私利和社会公益，促进可持续生产和消费；创新生产工艺技术与商业模式，促进商品生产者减少资源消耗、产品废弃物产量和垃圾产量；落实垃圾产生者负责原则和生产者责任延伸制度，强化资源回收利用，减少商品消费者的利益损失。

1.2.4　兼顾效率与公平

垃圾治理是项经济活动，要追求效率；垃圾治理又是项社会活动，要维护正义与公平；垃圾治理要统筹私利与公益，兼顾效率与公平。公平和效率的冲突是最需要慎重权衡的社会经济问题，是垃圾治理领域的一个令人困扰的问题。

垃圾治理效率不仅仅取决于垃圾处理效率（生产效率），更取决于政府与社会协商共治的效率；政府与社会协商共治的效率又取决于治理要素的配置效率、治理产品的分配效率、社会参与效率和政府行政效率；垃圾治理的公平性也不仅仅体现在垃圾处理服务分配的公平性，还体现在垃圾产生与排放（权利与义务）及社会参与等方面的公平性；而且，具有效率的行为未必是社会公平的行为，这就需要通过调整政府与社会行为及其与市场的相互作用来兼顾效率与公平。

要坚持污染者担责和有偿服务原则，建立健全基于成本和行业可持续发展的行业定价法，兼顾垃圾处理者收益、公众的经济支付能力、财政承担能力和社会公平；建立健全基于垃圾治理成本的垃圾排放征费机制，弥补垃排放的外部不经济性；完善财政补贴政策和惠民政策。要消除垄断和恶性竞争，消除分配上的平均主义和不合理差别，增强信息透明度，促进政府与社会良性互动，保障垃圾妥善治理。

1.3 垃圾治理的基本要求

从垃圾治理的基本特征与世人物事展开分析，可以得出垃圾治理对实践的一些基本要求。

（1）政府主导，广泛吸收社会公众参与

从垃圾治理主体分析，社会公众是垃圾的产生者、排放者和垃圾治理的受益者，本身就是垃圾治理的主体，理当参与垃圾治理。社会公众拥有排放垃圾的权利，拥有享受垃圾治理服务的权利，也有参与垃圾治理的义务。无论是政府购买服务，或是社会组织主导下的社会自治，都离不开社会公众的自觉自愿行动，离不开企业参与和社会企业的企业化运作；而且，居（村）委会和社区组织，更是负有发动、组织社区内公众参与垃圾治理活动的责任与义务；行业协会，作为生产生活活动（包括垃圾治理活动）的行业组织，负有发动、组织、规范行业内相关单位参与垃圾治理活动的责任与义务。

从垃圾治理的性质分析，垃圾治理是人类生产生活的组成部分，垃圾治理逆生产是循环经济不可或缺的组成部分，垃圾治理还是社区治理和社会治理的重要内容，社会公众不可能回避垃圾治理。社会公众要树立正确的社会观、义利观和人生观，融入社会，履行责任与义务，主动为社会服务，实现自身的社会价值。

从人具有经济人、社会人和政治人三种属性分析，社会公众有参与垃圾治理的意愿。作为"理性"经济人，难免追求自利自保极大化；作为社会人和政治人，其行为受复杂的社会关系与政治关系制约，在追求自利自保极大化的同时，有意愿追求"非理性的非我"，表现出社会意识、参与意识、利他主义、公正意识等奉献精神，有意愿也有外部约束地寻求个体利益与集体利益、社会利益的统一，这是垃圾治理的依据与基础。

但人的理性与非理性的纠结心理会产生责任分散效应（旁观者效应）、搭便车效应、邻避效应、不值得定律等社会障碍，而且垃圾治理赖以运转的市场机制存在垄断或垄断性竞争、外部影响、公共物品、信息不完全与不对称等市场障碍。这些障碍将打击社会公众参与的主动性和自觉性。

问题的关键是如何才能让社会公众持之以恒地参与其中，答案就是需要政府主导广泛吸收社会公众参与的过程。政府要正视社会公众的主体地位，心存吸收社会公众参与的意愿，统筹社会各方利益，通过法律明确社会公众的权利、责任与义务，通过经济制度保障各参与方的利益，引导社会公众树立和实现正确的社会观、义利观和人生观，想方设法广泛吸引社会公众参与。

垃圾治理要求政府主导、牵头制定垃圾治理准则，发挥统筹、决策、推行和动员优势，统筹各方利益，科学决策，果断施策，动员、引导社会自我管理和自主自治，集中力量办大事、难事和急事。

（2）强调政府、社会及社会各利益相关方之间的互相依赖性和互动性

一般而言，商品生产者和垃圾产生者不仅制造、排放垃圾，也是减量、分流分类、回收利用等作业的处理者和治理服务的享受者；商品生产者产生工业垃圾和向商品消费者转移产品废弃物，是垃圾产生者；垃圾处理者提供垃圾处理服务，但作为社会化生产与生活的一分子，也是商品生产者和垃圾产生者。可见，商品生产者、垃圾产生者和垃圾处理者都是垃圾产生与排放的源头，又都是垃圾治理的需求者或受益者，虽然社会各利益相关方具有一定的分工，但身份与作用界限具有一定的交集与模糊性，甚至彼此不分，天然就具有互相依赖性与互动性，彼此应协作协同，增大各自的利益与社会福利。

垃圾治理的环境容量与服务型产品是公共物品，多数情况下，其生产（供给）由垃圾处理者负责，其购买与分配由政府负责，其消费是全社会，即其生产、消费与购买分配相分离，需要处理者、消费者与分配者协商协调与互相监督，确保政府购买、分配垃圾治理服务程序与实体的公平性。

此外，垃圾治理不仅存在市场障碍与社会障碍，也存在政府障碍。政府体制及其运行机制难免存在缺陷，垃圾治理存在政府行为的负内部性（自利性）、负外部性（损失外部利益）、信息不完全与不对称、政府被企业俘获等政府障碍。政府应引导社会遵循市场导向，遏制市场障碍与社会障碍，同时，社会应监督政府避免政府障碍。

（3）倚赖社会自主自治网络体系

垃圾的特性注定垃圾治理需要社区、社会以及行业、区域等自治。垃圾，尤其是生活垃圾，具有聚落性和地域性，垃圾治理需要小区（自然村）自治、社区（行政村）自治和区域（地方）自治；垃圾具有行业性，垃圾治理需要行业自治；垃圾具有社会性，垃圾治理需要社会自治。垃圾治理应注重社会

自主自觉的自治。

垃圾治理要倚赖现有的社会自主自治网络体系，与现有的社区、社会以及行业、区域等自治融合与协同发展，逐步健全垃圾治理的社会自主自治网络体系。政府出台相关法制并依法行政，发挥小区物业管理公司、自然村管委、社区居委（村委）等企业和社会组织的作用，引导社会自我管理与自主自治，并遵循市场导向，均衡需求与供给、社会成本与社会福利、效率与公平。社会通过自主组织和集体选择，建立利益与矛盾协调机制，发挥政府、社会与市场的作用，确保"政府主导、市场导向、社会自治"及"有序、高效、正义和公平"，抑制垃圾治理障碍，向社会提供优质的综合服务。

（4）多措并举，综合治理

垃圾具有资源消耗、资源价值和污染三重性。作为资源消耗与浪费产物的垃圾需要减量化处理；作为资源的垃圾需要资源化利用，且先回收利用物质资源（物质利用），再回收利用能量资源（能量利用），分级处理，逐级减量，并再次回到人类生产生活之中；作为污染物的垃圾需要无害化处理处置。

垃圾治理作为一项社会活动，承担服务生产生活和保障生命、生态环境、生产生活与人体健康安全的责任；作为一种经济活动，需要政府与社会按市场规律协调行动，提高治理效率与经济效益，及时、妥善处理垃圾。

垃圾治理要根据当地垃圾状况，结合本地自然资源（尤指土地）、人力资源、生态环境、经济、企业家、社会状况等实际情况，善用经济手段、法律手段、行政手段和科技手段，因地制宜，多措并举，综合处理，加强垃圾源头需求侧管理，提高资源的回收利用率（回收利用的某类垃圾量占该类垃圾总量的比率），提高垃圾的资源化利用率（资源化处理的垃圾量占垃圾总量的比率），推进多元全程评价监督，提高垃圾处理效率与环境、社会、经济的综合效益，保障生命、生产、生活、生态"四生"安全。

1.4 垃圾治理的五种意识

垃圾治理是经济活动与社会活动、物质生产与精神生产、修身律己与社会治理的统一，是自治与他治、私利与公益、权利与义务、善己与善人的高度融合，是一种"共建共治共享"的社会治理观；换言之，垃圾治理要从传统的以"个人"为出发点的"修齐治平"社会治理观升级为现代的以"社会"为出发点的"共建共治共享"社会治理观。为此，垃圾治理要树立五种意识。

（1）底线意识

垃圾治理的底线是垃圾治理的最低要求，一要做到物质层面的垃圾及时处理，二要做到社会治理层面的保障居民产生、排放垃圾的权利（垃圾排放权），保障社会适度参与垃圾治理的权利（参与权）。

垃圾及时处理，包括易腐有机垃圾的及时清运和清运垃圾及时处理处置，旨在保护居民的人居环境和社会的生态、环境、资源公益；保障居民的垃圾排放权和参与权，旨在保护"人"（包括自然人和法人）的"个体"与"社会"两面的生活需求。这些是垃圾治理必须实现的最基本的内容，是垃圾治理的政治底线。

制定原则、制度和规划、计划时一定要有底线意识。加强垃圾源头侧管理，尤其是制定分类投放制度时，一定要让垃圾产生者有地方排放而且要方便排放垃圾；加强垃圾清运管理时，一定要采取措施做到易腐有机垃圾"日产日清"（干垃圾不必如此）；加强垃圾资源化利用和处置管理时，一定要有确保垃圾可以及时处理的"兜底"能力，或配备填埋场的填埋处置库容，或配备其他处理设施的"备用"能力；对生活垃圾处理而言，大多数焚烧处理设施没有设置备用焚烧炉，而生活垃圾送至利废企业处理的渠道又不畅通。因此，必须有备用的填埋处置库容；加强社会参与管理时，一定要让社会知情、体验和放心，引导社会适度参与。

（2）红线意识

垃圾治理的红线是不可触碰的高压线，事关生命、生产、生活和生态"四生"安全，具体体现在以下几个方面：a．人体、动植物生命安全和健康保护，人民财产安全保护；b．垃圾处理全过程中的安全、卫生、生态、环境、资源保护等；c．工程建设的质量、安全、卫生、环境保护；d．消费者利益和社会公益保护。垃圾治理红线由法律、法规设定，表现为行政强制的具体情形。

《中华人民共和国固体废物污染环境防治法》（以下简称《固废法》）设定了垃圾治理红线的具体情形。可以对违法收集、贮存、运输、利用、处置的固体废物及设施、设备、场所、工具、物品予以查封、扣押的 2 种情形：当可能造成证据灭失、被隐匿或者非法转移的，或当造成或者可能造成严重环境污染的。可以由公安机关对法定代表人、主要负责人、直接负责的主管人员和其他责任人员处以拘留的 6 种情形：擅自倾倒、堆放、丢弃、遗撒固体废物，造成严重后果的；在生态保护红线区域、永久基本农田集中区域和其他需要特别保护的区域内，建设工业固体废物、危险废物集中贮存、利用、处置的设施、场所和生活垃圾填埋场的；将危险废弃物提供或者委托给无许可证的单位或其他生产经营者堆放、利用、处置的；无许可证或者未按照许可证规定从事收集、贮存、利用、处置危险废物经营活动的；未经批准擅自转移危险废物的；未采取防范措施，造成危险废物扬散、流失、渗漏或者其他严重后果的，只要存在其中一种情形，尚不构成犯罪的，皆可处以拘留。此外，《固废法》还设定了关停、连续处罚、没收违法所得、退回4种强制执行方式的具体情形。

（3）经济意识

垃圾治理，尤其是垃圾处理，应走产业化道路，必须要树立经济意识，讲究经济学意义上的效率、参与、公平；不仅企业如此，垃圾治理的行政管理主体和垃圾产生者也要如此，亦即整个垃圾治理行业要树立经济意识，提高行业的效率、参与与公平水平。

在垃圾治理的个别细分板块，存在经济学的"非理性"现象，表现为资源分配不公、供需不均衡、信息不对称、奢华浪费建设，甚至较严重的垄断、外部性、供需分割和企业依赖财政补贴等现象，企业从中得到了额外利润，但垃圾产生者却失去了应得利益。

从整个垃圾治理行业来看，过分讲究垃圾分流分类，甚至为了培育和拔高某个垃圾处理细分市场而一味地分流分类，没有从行业效率角度权衡分流分类与融合发展。如农业种植垃圾（秸秆）、物质利用过程排放的可燃残渣、生活垃圾的其他垃圾可一起焚烧处理，农业养殖垃圾、厨余垃圾、生活污水处理厂污泥、秸秆、绿化垃圾等也可一起生物处理，这样协同处理更有利于"以废治废，变废为宝，综合处理"和取得更高的经济效率。

（4）公德意识

垃圾治理底线和红线的主要作用是明确垃圾治理要树立起码的公德，即维护起码的社会秩序、效率、正义和公平，维护生命、生产、生活、生态"四生"安全。仅仅维护起码的公德是远远不够的，垃圾治理要树立更高的公德意识。

垃圾治理要强调垃圾治理主体必须以遵守公德为规范，以坚持公德为正道，以自主自觉地坚持公德为美德，躬行践履，教化他人，履行法律赋予的责任与义务，守住底线和红线这一起码要求，坚持不懈，追求"共建共治共享"的垃圾治理和社会治理格局。

（5）可持续发展意识

垃圾治理的可持续，一是满足现在生命、生产、生活、生态的需求，兼顾效率与公平，全社会自主自觉地坚持实施；二是能够适应未来生命、生产、生活、生态及垃圾处理发展变化的需求，可适时升级。具体表现在 4 个方面：

① 垃圾处理能力适应垃圾产量不断增加的需求。

② 垃圾治理适应社会德治、法治、自治发展需求。

③ 垃圾治理适应科学化、智能化、智慧化发展需求。

④ 垃圾治理适应人民追求美好生活的需求。

整体来看，垃圾治理行业需要加强可持续发展意识。要完善垃圾处理设施建设的评价体系，优化垃圾处理体系，尤其要加强垃圾减量化技术与装备开发应用，利用云数据、互联网、区块链技术加强垃圾源头需求侧智能化与智慧化管理，推行与生产生活相适应的垃圾分流分类办法，促进垃圾治理行业一体化融合发展，调节垃圾处理需求变化，均衡垃圾处理供求关系。

1.5　垃圾治理的动力学

垃圾治理世人物事随时间、空间变化，垃圾治理是运动变化的；垃圾治理的运动变化必然有其动力驱使，动力是因，运动是果；垃圾治理有其动力、变化、过程和结果。垃圾治理既要加强运动学研究，也要加强动力学研究，才能保证垃圾治理因势而变，因时而进，因地制宜。

1.5.1　垃圾治理的动力

"人民，只有人民，才是创造世界历史的动力"（毛泽东，1945 年 4 月 24日），这个哲学性和政治性论述永远是正确的，对垃圾治理也是如此。垃圾治理的物只有为人所用时才有活力，垃圾治理事与世也只有在人的推动下才成其为事与世，人才是垃圾治理的真正动力。

但从垃圾治理学术研究角度出发，有必要将垃圾治理动力分成 4 种——推行、实施、体系、互动。推行、实施是推行者和实施者去推行与实施垃圾治理事务，垃圾治理体系是垃圾治理的人、物、事构成的体系，都含有"人"；同时，推行、实施和体系之间又存在不可分割的互动关系，推行、实施、体系及其互动都是推动垃圾治理发展的动力。

"推行"是法律法规、政策和规划的推行，而非人治意义下的"人"的推行，更不是单单的政府及其主管部门中公务员的推行。但要承认一个现实，任何法律法规、政策和规划都是由人制定和施行，所以，即使学理上垃圾治理的推行是法律法规、政策和规划的推行，实际上确实是通过人实现的，这才有垃圾治理主体是政府与社会，或垃圾产生者、垃圾处理者、政府和第三方或源头需求侧与垃圾治理服务供给侧之分。

"实施"是垃圾治理事务的落实，实施是实施者利用人力、物力，落实某事务的过程，实施也就理所当然地成为垃圾治理的一种动力。实施者既包括传统意义下的垃圾处理者，也包括垃圾产生者，更包括为实施者服务和保障公共利益、处置突发事件的政府。广义而言，全社会任何人（包括法人和自然人）都是垃圾治理的实施者，都是垃圾治理的动力。

"体系"，即垃圾治理体系，是垃圾治理人、物、事的联系与规范，既要发挥垃圾治理人与物的作用，发挥各种处理方法、治理方法的作用，又要让人、物、事务及处理方法、治理方法形成统一、高效、和谐、协同的治理体系，达至"事因人物而设，体系因事而成"，从而发挥出"1+1>2"的叠加效应，这就是体系的动力。

"互动"指推行、实施和体系之间的互动，推行、实施为体系建设服务，当然，也包括内嵌的主体互动、资源互动、事务互动。分则一盘散沙，相互拆台；和则聚沙成塔，良性互动；良性互动强化协调协同、互相促进和平等，表现出强大的凝聚力，这种凝聚力也是垃圾治理的动力。

1.5.2　垃圾治理动力的内在逻辑

垃圾治理动力的内在逻辑就是各动力如何作用于垃圾治理及各动力之间的关系。总而言之，垃圾治理动力的内在逻辑是"政府推动，推行领航，实施实现，体系加力，互动优化"，如图1-2所示。

垃圾治理需要政府主导，政府推动理所当然；垃圾治理要让个体行为统一到社会行为，没有推行者推行，必然不能实现，垃圾治理需要推行领航；当然，行动决定结果，实干成就未来，没有实施，就没有落实，自然就没有结果，垃圾治理离不开实施，这就是"实施实现"的真谛；体系具有"1+1>2"的叠加效应，垃圾治理自然要用好这种加力；互动增强凝聚力，垃圾治理必须发挥互动的这种效应。

"推行""实施""体系""互动"自成体系，各自有各自的运行、管理和监管体系，但4种动力又形成一个大的体系。如管理体系包括加强组织与领导、制定规划与计划、协调相关资源等，以实现既定目标，其中，目标管理、项目管理和资源管理是管理体系的 3 个重点任务；又如监管体系包括为确保运行体系和管理体系正常运转而制定的规范、监督、考评及反馈等机制，聚焦在实施的行为及其产生的社会问题上，检视规章制度的有效性。

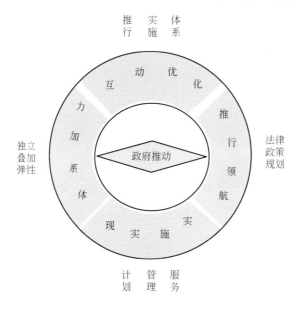

图 1-2　垃圾治理动力的逻辑

尤其要完善 4 种动力的运行机制，确保 4 种动力在政府推动下顺畅运行，高效发挥，既发挥各自的作用，又发挥 4 种动力的互作增强效应，保证治理过程中主体协同、资源统筹、事务相衬、环节相扣和利益协调，保障治理社会化、管理针对化、监管多元化和效益极大化，促进垃圾妥善处理和妥善治理。

1.6　垃圾治理的设计流程

贯彻落实垃圾治理的原则、特征、要求、意识、动力逻辑和基本任务，需要设计垃圾治理的世人物事。垃圾治理世人物事的设计及其管理是垃圾治理的重要任务，从实践角度来看，垃圾治理就是根据垃圾治理人、物设置垃圾治理事务以构建垃圾治理体系和治理垃圾的过程，图 1-3 给出了垃圾治理世人物事的设计流程框图，由治理条件输入、治理事务设置和治理结果判断 3 部分组成。

输入的治理条件是垃圾治理可资利用的人与物。垃圾治理的一切事务、体系和治理结果皆取决于垃圾治理的人与物。人具有主观能动性，主宰万物，是垃圾治理的决定性要素，正所谓"眼界决定高度，品格决定境界"；人作用于物，物亦反作用于人，而且，作为物之一的"垃圾"——垃圾治理的客体，不是一类简单的物质，而是人类活动的外延，带有人及其所处社会的烙印，具有"聚落性"，这让垃圾似乎具有灵性，对垃圾治理产生强烈的制约作用——针对不同的垃圾产生者（排放者）及其产生、排放的垃圾需要采用不同的治理方式方法，这是垃圾治理需要重视的一个现象。

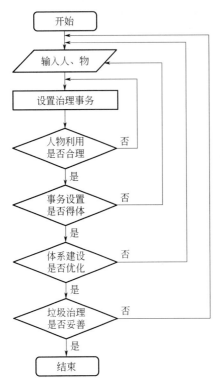

图 1-3　垃圾治理世人物事的设计流程框图

设置治理事务是垃圾治理的某项具体事务或多项具体事务的组合。设置治理事务既要坚持"事因人物而设"，发挥人与物作用，又要想到"体系因事而成"，通过事务把人与物有机地联结起来，形成有张有弛的体系。垃圾治理要根据垃圾治理人、物条件，分析具体事务的轻重缓急，并结合治理体系建设的需要，设置适合于当地当势的治理事务。事务设置联系人、物利用和体系建设，不仅如此，还透过治理体系影响垃圾治理的最终结果；换言之，垃圾治理人、物通过事务实现垃圾治理结果，事务是垃圾治理的过程通道。

判断治理结果依先后顺序分为"人物利用""事务设置""体系建设"和"垃圾治理"4 种情况。垃圾治理要掌握判断准则（治理准则）、处置方法和治理规律 3 方面知识。

① 判断准则（治理准则）。包括人与物合理利用准则、事务设置准则、体系建设准则和垃圾妥善治理准则。人与物利用要做到"人尽其才，物尽其用"；事务设置要做到"事事得体，体用俱全"，这里的"体"既指客观规律也指治理体系；体系建设要做到"简单高效，有序和谐"；垃圾治理要做到"减量化、资源化、无害化、社会化、集约化（高效有序且节省土地、资金、人力等）、人民满意"。垃圾治理世人物事围绕准则运行，完善并量化治理准则

是垃圾治理的一个重要研究课题。

② 处置办法。包括每一次判断后的人、物、事务的处置办法。人与物利用不满足"人尽其才，物尽其用"准则时，需要调整或重新设置事务，直至满足准则为止，这是基于"事因人物而设"；其他判断如果不满足判断准则，则在优先调整或重新设置事务后可考虑调整或重新设置人与物，直至满足准则为止。处置内容包括事务的数量、质量标准、落实情况和人与物的数量、质量、利用情况。

③ 治理规律。包括人理、物理、事理、世理和垃圾治理的客观规律。垃圾治理不仅要实用，也存在"体"的问题；不仅设置治理事务时要做到"体用俱全"，在整个治理过程中都要做到"体用俱全"；垃圾治理要研究人理、物理、事理和世理，也要研究世人物事的相互作用及其运动变化规律；垃圾治理要做到"处事得体"，一举一动都要符合人理、物理、事理、世理和垃圾治理的客观规律。

垃圾治理存在人物、事务、体系和表象4重结构。人物结构是垃圾治理的主体和客体，事务结构是垃圾治理的实践活动，体系结构是垃圾治理人、物、事之间的联系和规范，表象结构是垃圾治理的整体形象和意境。人物结构和事务结构是有形结构，是垃圾治理的基础，体系结构和表象结构是无形结构，是垃圾治理的境界，有形生成无形，无形约束有形。

对应垃圾治理的4重结构，垃圾治理要做好4件事：配备人与物，构建人物结构；设置事务，推动事务进程，构建事务结构；规划体系，形成体系结构；建设垃圾治理的整体形象和意境，构建垃圾治理表象结构。构建有形结构是垃圾治理的基础阶段，构建无形结构是垃圾治理的高级阶段。

垃圾治理世人物事的设计要做到"事因人物而设，体系因事而成"，把人和物放在合适的事中和合适的位置，成就一件件"好"事，把一系列治理事务编织成一个简单高效、有序和谐的治理体系，实现垃圾妥善治理，呈现出"有无相生，难易相成，长短相形，高下相倾，音声相和，前后相随"的垃圾治理表象。

1.7 【案例】农村生活垃圾治理的特殊性分析

中国农村是一个具有特殊性的社会，组织管理较松散，对世人物事的认识笼统而折中，权利诉求隐晦；而且，农村垃圾治理更是受到经济承担能力较低、传统"自产自消"式自然生态处理方式的影响。推行农村垃圾治理时要充分考虑农村社会与人的特殊性，把垃圾治理视为社会治理的内容和抓手，解决制约农村垃圾治理可持续发展的要素资源短缺问题，制定适宜的农村垃圾治理工作指引。

1.7.1　农村垃圾治理存在要素资源短缺问题

综观各地农村垃圾治理的现状，纵观一些先行地区农村垃圾治理经验的演变，阻碍农村垃圾治理持续发展的关键问题是治理要素资源短缺，具体表现在责任主体缺位、处理模式僵化和经费紧张。

（1）责任主体缺位

村民，甚至村委会，存在较严重的"看客心态"，自我卸责，仰赖政府提供投放与收集容器、转运工具和处理设施，并承担相关费用，甚至承担村社保洁的相关费用，普遍认为政府应该是农村垃圾治理的第一责任主体，甚至认为垃圾治理就是政府的事。农村垃圾治理乃至乡村治理的内生动力不足。

（2）处理模式僵化

地方政府僵化理解"村收、镇运、县处理"模式，似乎什么垃圾都要县级集中处理，但因集中处理设施少且设施布局不合理，而村庄小而分散，导致农村垃圾，尤其是偏远农村垃圾的运输费用高，再加上集中处理设施的处理能力不足，难以消纳农村垃圾，这些实情无疑增大了地方政府解决农村垃圾治理问题的顾虑。农村垃圾处理模式僵化，治理方式僵硬。

（3）经费紧张

目前，农村地区暂时还没有征收垃圾排放费，引进社会资金也较困难，经费来源渠道少，垃圾处理经费紧张。政府承担全部垃圾收运、处理费用，并承担部分保洁员工资。不解决经费来源问题，无法保证垃圾处理持续发展。

此外，农村垃圾治理还存在管理机构不健全、经济政策不健全、收运处理设施不配套、村民消费与生活习惯不环保等问题。这些问题都制约了农村垃圾治理的推进。

1.7.2　农村生活垃圾治理工作指引的制定

农村垃圾治理是农村人居环境治理的重要内容，也是乡村建设、乡村治理的重要内容，不能等到农村经济发展了或农民环保意识增强了再去开展，必须立即行动，持续推进，一个重要工作是事先制定与事中完善农村垃圾治理工作指引。制定农村垃圾治理工作指引时要注意以下几点。

（1）分类指引

将农村分为已经呈现出城镇化态势和已经纳入城镇化规划的农村类（包括城中村）、纯农业村类（平原农村、山区农村）、饮用水源保护等重点保护区内农村类和墟集类，分类指引。

纯农业村类是农村的主要组成，是农村垃圾治理的主要考虑对象。已经和即将城镇化的农村类的垃圾治理按城镇垃圾治理要求处理，重点保护区内农村类的垃圾治理要结合重点保护对象及其要求处理，墟集类农村垃圾治理需要结合墟集性质、规模、常住人口（结构、人口数量和人口密度等）及墟集所在地状况处理。

（2）明确农村垃圾治理主体及其责任与义务

农村垃圾治理主体众多，包括村民、村民自治组织（宗族组织）、自然村、行政村、乡镇政府（街道办）、县（区）政府，垃圾管理部门、农业农村局、水务局、工信局等相关部门，供销系统、农村环卫保洁服务第三方等。

要建立主体共治架构，务求简单、明细和执行力强，明确各自的责任与义务，加强纵向与横向协同，推进农村垃圾治理一体化融合发展。对于乡镇和区级政府的行政管理而言，宜将管理下沉到自然村而非行政村，但不宜面对每家每户每个村民，这些主体的工作宜由行政村委、自然村管委和村民自治组织负责。

明确村民是农村垃圾分类贮存、分类排放的实施主体和第一责任人。明确自然村管委、行政村委是农村垃圾分类排放、分类收集、排放费收缴和村内转运与就地处理的推行主体和管理主体。明确乡镇政府是属地农村垃圾收集、运输、乡镇一级就地处理与财政补贴的管理主体。明确县级政府是有害垃圾、县级垃圾统筹处理与财政补贴的管理主体。

（3）用好4种动力，完善体系建设

明确"推行""实施""体系""互动"4种动力的运行机制，用好4种动力，并发挥4种动力的叠加效果。农村垃圾治理可依据行政村、乡镇（街道办）和区级政府之间的行政管理运行机制运转，但需要建立健全村民自治组织、自然村管委与行政村和乡镇（街道办）甚至区级政府之间的运行机制，农村垃圾治理一定要发挥村民自治组织和自然村管委的推行作用。

农村垃圾治理体系不健全是一大硬伤,不仅要建设自然村垃圾投放站点、行政村收集与贮存站点、垃圾从自然村到行政村的驳运车辆、易腐有机垃圾就地就近处理设施等硬件,还要建立健全管理方案,如垃圾从自然村到行政村的收运计划、人财物的保障方案等。

要建立符合实情的农村垃圾处理体系。结合县级垃圾集中处理设施的处理能力和分布状况,权衡就地就近处理与运至县级集中处理设施集中处理的处理服务费(包括运输费)高低,制定适合农村垃圾治理的处理方案,建立起村、乡镇和县级多级处理、逐级减量的处理体系,如自然村就地处理易腐有机垃圾、行政村分拣回收、乡镇集中回收物利用、县级集中处理无用垃圾(其他垃圾)和有害垃圾体系。

要建立处理服务费的县级政府、乡镇、村三级共同承担机制。县级市政府将乡镇、村就地处理所减少的县级集中处理的费用(包括运输费)划拨给乡镇、村。确定县级集中处理服务费的市、乡镇、村三级共同承担原则和分配比例。出台鼓励政策,吸收社会资金参与。

（4）综合治理

把农村垃圾治理视作农村人居环境治理和农村社会治理的一部分,走"净化+绿化、美化、文化"路线,与污水治理、院落与聚落美化、文化走廊建设、休闲场所建设等结合起来,综合治理,把垃圾治理设施建设成一个景点,如建在休闲场所地下,不仅不造成视觉污染,还让人赏心悦目,增强村民的获得感、幸福感和参与感,增大农村垃圾治理乃至农村社会治理的内生动力。

（5）健全农村垃圾治理的考核指标

首先,要有农村垃圾治理的推广曲线,有序推动农村垃圾治理;其次,除了考核参与率、准确率外,还要考核参加与准确分类的人数(或相对人数)的增加幅度,动态考核,这里的"准确率"指的是分出来的某类垃圾占该类垃圾产量的比值,既非分出来的某类垃圾是否含有杂质,更不是分出来的某类垃圾占总垃圾产量的比值;另外,要结合推广曲线,考核推广进程,掌握农村垃圾治理行进到了什么阶段和达到了什么程度,最重要的是农村垃圾治理收到了什么成效,其中,是否减少了焚烧填埋的人均垃圾量是一个硬指标。

农村垃圾治理就是要尽可能多地减少人均农村垃圾的焚烧填埋量,途径就是尽可能多地回收快递与农资等包装物,尽可能多地就地消纳易腐有机垃圾(厨余垃圾、养殖废物),最好做到包装物应收尽收和易腐有机垃圾不出村。

这里实际上建议了农村垃圾分为包装物、易腐有机垃圾和其他垃圾 3 类，没有分出的包装物、易腐有机垃圾混入其他垃圾一起排放。当然，随着农村垃圾治理的推进，可逐步加强农业种养殖垃圾、大件垃圾、建筑垃圾（包括家庭装修垃圾）、有害垃圾等农村垃圾的治理。

（6）给出作业操作选项

对各类农村给出多种投放站点、收集站点、驳运方案、可回收物收购、易腐有机垃圾就地就近处理方法等选项，让自然村、行政村结合自己的情况选择。

（7）农村垃圾治理的注意事项

制定农村垃圾治理工作指引时要寓精神建设于治理过程之中，救济乡村与乡村自救双管齐下，考虑村民的消费意愿与承担能力，"自治""法治""德治"三治并举，促进农村产业发展，最关键的是要权衡增值与消费的关系，面子工程与精打细算的关系和"止病痛"与"治病根"的关系。

1.7.3　乡村治理的特殊性

垃圾治理应与乡村治理融合并进，推进乡村垃圾治理时有必要了解乡村治理的特殊性，尤其要了解乡村治理主体的特殊性，并据此设置乡村治理事务和构建乡村治理体系。

1.7.3.1　乡村治理要解决的主要问题

中国乡村自成一体，延续上千年，在传承中发展，成为粮食、人力、生态和中国传统文化（乡土文化）等资源的涵养地；改革开放后随着城镇化和现代化建设快速推进，乡村发展日新月异，乡村发展潜力也很大，但亟须优化乡村生产生活方式和经济收入构成，提高乡村社会保障水平，提高乡村科学文化水平和教育水平，解决城乡差距较大、乡村集体和人均收入偏低、创收渠道较少、收入存在不稳定风险、消费能力不足等问题。

乡村家庭拥有各自的生产资料，可以自行其生产，全家大小共同努力和相依为命，或务农，或做些手工业，或从商等，小农、小工、小商各为生业，形成"职业分立"的乡村职业形态。这种职业分立形态不适应规模化生产，且被规模化生产严重冲击，如手工业消失殆尽，小农业举步维艰，村民宁愿外出打工，较少从事小农、小工、小商。即使如此，乡村职业分立仍然是村民生计的一种保障，一旦遇阻，村民便可以退回乡村再为生业，导致村民自我革命精神不足。

从城市发展看乡村发展有助于更好认识乡村理性的形成。城市是人群高度聚集地，其人口数量和人口密度足以支撑公共设施建设，让居民共享优质资源，吸引更多人员流进城市，进一步增强城市内的交流、竞争，共享机会和资源，让城市拥有活力；乡村则是相对自然，人口稀少，难以支撑大型公共设施建设，导致教育、水利、人居环境、消费设施等资源短缺，致使乡村失去交流、竞争、共享等活力，成为小农经济社会，对外部人员吸引力不足。乡村封闭产生乡村理性，乡村理性让乡村成为理性封闭的自我天堂，封闭是乡村贫而又贫的根源。

这些理性不能用好与不好或落后与先进来形容，但其中的一些理性含有与现代化和都市文明相冲突的东西，如科学知识和科学思维欠缺、向外观望（看客心态、见风使舵心态）、革新精神不足、隐晦权利要求和乡村传统保障模式不足等。相冲突导致和增大传统与现代的张力，这种张力撕扯乡村，暴露出乡村一些与现代文明不相容的问题。这些问题是现代化进程中需要解决的问题，但解决不相容的问题不等于全盘否定相冲突的理性，而是扬弃那些相冲突的理性。乡村是村民的社会，归根结底，乡村治理的核心任务是要改造乡村社会与人。

乡村治理的根本目标在于激发出村民建设乡村的自主自觉理性。乡村治理要坚持不懈地做好3件事：完善乡村保障，为乡村发展奠定基础；建设县级农村工业园和农业产业园，扶持农工商并举，发展县域经济；改善农村人居环境，实现乡村生态宜居。关键任务是以工商业促兴现代农业，发展农村经济，完善公共服务，缩小城乡差距；难点任务是培育村民的自觉能动性，塑造村民知礼守法、崇善向上的公民精神，培育村民建设乡村的自觉能动性，唯有如此，才能保障乡村建设可持续发展，建设成美丽、有序、和谐、温馨、富饶、活力乡村（乡城）。

1.7.3.2 乡村治理过程中的注意事项

（1）寓精神建设于经济建设之中

乡村治理的建设任务大致分为经济建设和精神建设两类。经济建设是硬核，是看得见、享受得到的实事，是精神建设的物质基础。只有把经济建设搞上去，村民从中受益，并从中得到教化，才能顺理成章、持续地推进精神建设，因此，应把精神建设寓于经济建设之中，亦即经济建设应携带上精神建设。

当然，我们也要有精神建设手段，如改造乡约、召开座谈会、开办乡农学校等，把村民拉进团体组织，培育其知礼守法、崇善向上的公民精神和建设乡村的自觉能动性。如重庆市城口县采取"围炉夜话""乡贤讲堂""文化滋养""四度教育"等精神建设方式，提倡"塑魂、破旧、重践、强自、立范"，推进思想、新院、正风、主人、榜样"五大行动"，扭转"等、靠、要、懒、散"思想歪风，激发"我要脱贫"的内生动力。

乡村缺乏科学知识。中国传统文化重视人与人、事、物的关系，旨在引导为人处世的理性，教人自觉辨清是非，给生活一个方向，即教会人"应当如何如何"和"不应当如何如何"，却不重视构成科学知识的人、事、物的内在规律——人理、事理、物理；后果是知道方向却不知道怎么办，比如，村民都觉得要改善人居环境这一方向，但谁都没有改善人居环境方面的科学知识，不知做什么、怎么做和达到什么标准，只能任人摆布，甚至成为旁观者，这类事例在乡村屡见不鲜，以致如何激发乡村治理的内生动力成为一大难题。

乡村缺乏发现科学知识的能力。村民喜欢笼统、模糊、中庸、推己及人思维，这种思维只能给出笼统、模糊和折中的认识，这种认识够不上科学知识高度，甚至是违背科学的，比如，要推广农村污水生态净化方案时，最好同时提出一个需要大量征地拆迁的污水集中处理方案，村民凭借笼统、模糊、折中的判断，大概率会选择省钱省地又与乡村环境相容的生态净化方案，但其实，村民的选择不太科学。

乡村居民受教育水平偏低。2017 年，华东地区样本村（行政村）中拥有高中学历的居民占比最高，但也仅有 23.6%，华北 23.4%，华南 23.3%，东北 20.3%，最低的是西南地区 14.0%。村干部受教育水平也较低，多为初中程度，占 37.4%，高中程度的占 24.8%，中专占 16.14%，中专以上的占 9.5%，大专以上的高学历者仍旧缺乏。

乡村治理应丰富村民的科学知识和科学的思维方法。要在建设和运营县级工业园、农业产业园和人居环境整治项目时引进科学知识和科学的思维方法，开办技校，要引进人才和留住人才，发挥人才的传帮带作用，要开办多种形式的村民继续教育，引导村民学习、发现科学知识和争做能工巧匠、乡土专家。

（2）救济乡村和乡村自救双管齐下

大体上，经济建设得由政府来牵头负责，调动工商企业力量和社会资本注入，应定性为地方政府和工商资本救济乡村项目，乡村自身是无力承担的；精神建设主要由乡村自己承担，应定性为乡村自救项目，乡村自己改造自己，自己创办和完善自己的合作组织（农村合作社、乡村群众自助自治组织定性为乡约组织为宜）。当然，无论是经济建设还是精神建设，始终是村民自身和自己家园的建设，村民不能成为旁观者，即使政府承担的经济建设不仅不能排斥还必须吸纳村民参加，这是乡村治理的"乡村自救"方面。另一方面，乡村治理缘起乡村政治、经济、社会、文化和生态文明的落后与无力，须得有外力推动，即使精神建设也得借助外力来启智，这是乡村治理的"救济乡村"方面。

完善乡村保障应由国家统一推进（国家救济乡村）。国家应推动现代乡村社会保障体系的加速成形，进一步强化新型农村合作医疗（2003年始）、最低生活保障（2007年始）和新型农村社会养老保险（2009年始），进一步完善五保供养、救灾、扶贫等救济和优抚安置制度，扎实推进农民工参与社会保险、失地农民社会保障、医疗救助和教育救助等工作，让农民放心、宽心；同时，要进一步完善乡村发展保障，顶托农业生产，扶持农村工业园建设。

县级工业园建设（包括营运）应由县级政府牵头。要根据县域人口数量、分布和结构，规划园区的数量和性质，确保园区富有生命力，确保农民充分、就地就近就业，确保通过建设用地指标的流转稳定非园区所在地的村集体的分成。要建章立制，确保园区服务于乡村治理大局，同时又与城市建设相融合，确保农民有序流进园区的同时又不误农业生产。要为园区正常运营提供优质服务，如便于企业融资、保险、采购、扩大生产和后勤保障等。

农业产业园建设主要由乡镇政府牵头（地方政府救济乡村），县级农业产业园则由县级政府牵头，主要目的是发展农业。农村合作社主要由村委牵头（乡村自救），或村委直接改造为农村集体经济合作社。农村人居环境整治由乡政府统筹、乡镇管理和村委实施。村委和农村合作社的主要职能是发展农村经济，村党委的主要职能是抓好党建和精神建设工作。

乡村治理需要"救济乡村"和"乡村自救"双管齐下，协调协同。启动阶段需要加大外力"救济乡村"力度，增强乡村的自我造血功能，激发村民的自觉能动性，尔后要逐步放手让乡村"自救乡村"，直至乡村治理步上良性发展轨道。

（3）农工商并举，以工商业促兴现代农业

以农工商并举促进乡村治理能力现代化。乡村"大利不得"的主要原因是缺资金、缺科学技术和缺市场开拓能力"3缺"。解决这3缺的主要途径是农工商并举——农工商全面发展和农工商融合发展。缺资金是由于乡村经济以小农经济为主和工商业不发达所致，要靠发展工商业和农工商并举来解决。农工商并举不仅能够解决资金短缺问题，而且在发展农工商的过程中可以有效地丰富乡村的科学知识和科学的思维方法，有助于建立健全乡村综合治理体系和促进乡村治理能力现代化。

农工商并举的第一层含义是农工商全面发展，既要发展工商业，也要发展现代化大农业。这里要强调的是农工商全面发展并非农工商同步发展，而是要优先发展工商业，以工商业促兴现代农业（大农业），而且建议以县级工业园建设为入手。这是基于近百年乡村建设的经验教训得出的路径安排。

以行政改良作为入手的江宁实验（南京市政府）、以合作社组织作为入手的邹平实验（梁漱溟）和以教育作为入手的定县实验（晏阳初）都无果而终，与此形成鲜明对比的是，以实业作为入手和以工促农的南通"经营乡里"（张謇）取得了良好的实施效果：富裕了农民、促进了农业、开创了乡村新风气和激起了乡村城镇化浪潮。南通的"经营乡里"强调"农工商协调发展，实业教育并举"，以雄厚的实力作为教育、自治、慈善等事业的后盾。此外，改革开放后以乡镇企业和村办企业作为入手的乡村建设也极大地推动了乡村发展。实践经验教训告诉我们，乡村建设要以工商业作为入手，以工商促兴大农业。

需要指出的是，乡镇企业和村办企业的建设单位（乡镇和村）太小，导致工厂星罗棋布和产业链割裂等弊端，打乱了乡村"生活、生产、生态"空间布局，降低了土地产出率，限制了乡镇企业和村办企业的发展——这就是建议以"县"为建设单位来规划建设县级工业园的理由。

农工商并举的第二层含义是农工商融合发展（三产融合）。俗话说"无农不稳，无工不富，无商不活"，农工商相互依存，农业向工商业提供原料和生活资料，工商业反过来又促进农业发展，"商藉农而立，农赖商而行"，乡村建设需要推动农工商协调发展。

更进一步，乡村建设还要尽力促进农业产业园与农村工业园的融合发展，将种养殖业、工业和商业融于一体甚至园区化，体现张謇对农工商的关系的领悟："棉之始，农之事；棉之终，商之事；其中则工之事。未有能澈首尾一以贯之者，无始则无以资于人，无终无以资人，而无策于中，则无以资人资于人。"近来，有专家呼吁将生猪养殖、饲料生产、肉产品生产和销售等过程园区化，这将有益于规模化、产业化和疫情防控，应是可行的。

（4）经济建设应考虑村民的消费意愿

乡村治理要高度重视外力救济乡村，高度重视经济建设，尤其要优先建设县级农村工业园和强化乡村保障，让村民"有钱花"和"敢花钱"。之所以强调优先推动县级农村工业园建设和乡村保障体系建设，是因为这些建设项目让村民资产保值和增值，自然会受到村民欢迎、拥护和珍惜。不妨把这类让村民资产（或更大范围的财产）增值的经济建设称为"增值性经济建设"；相应地，那些向村民收费因而减少村民资产的经济建设可称为"消费性经济建设"，如农村房屋改造、污水处理等项目。消费性经济建设是村民的负担，甚至超过了村民的承受能力。

"村民上楼工程"和"农村污水集中处理工程"是2个村民较抗拒的事例。上马村民上楼工程是为了整治陈旧、破败村容村貌、美化村庄和改善村民居住条件（个别地方也可能还为了土地置换）；农村污水处理工程是为了解决污水横流、臭气熏天问题，按理讲应受到村民欢迎，但忘了考虑村民的经济条件和消费意愿，即是否"愿花钱"购买服务。

总的讲，乡村经济基础较薄弱，村民消费意愿较低。乡村经济具有三大特点：一是农民收入偏低，2019年农民人均可支配年收入16021元，农民人均消费年支出13328元；二是农民收入的主要来源家庭经营性收入（2019年占比33.5%）和工资性收入（2019年占比40.6%左右）需看天看老板，存在不稳定风险（转移性收入和财产性收入较稳定，但只占农民人均可支配收入的25.9%）；三是用于居住和污水垃圾处理等生活服务的支出比例一般不超过消费支出的25%，以2019年农民人均消费支出13328元计算即人均年支出3330元。

以五口之家计算，村民住进一栋占地100m^{2}的三层半房屋，至少得花费42万元，即使采取20年按揭方式购买，每年需支付1.68万元以上，人均居住支出3360元；又如农村污水集中处理，一些地区提倡打包PPP（公私合营模式），增大了管网建设费用，致使污水处理设施及其配套管网建设成本飙升到人均1200元以上，人均年支出达150元以上（污水收费高达4元/m^{3}以上）；人均居住和购买污水处理服务的年支出为3510元，超出了人均年支出3330元的支付意愿。如果家庭人口较少，人均支出压力将更大，如四口之家的人均居住和购买污水处理服务的年支出将升高到4350元，有可能超出家庭承担能力。

这里围绕村民资产增值和消费，涉及了乡村建设的三个方面，也是乡村建设常遇到的三个问题，从中可挑明乡村建设好坏的判断标准。概括如下：

一是增值与消费的关系问题，通俗讲，即"有钱花""敢花钱""愿花钱"之间的关系问题。要优先上马增值性经济建设项目，让村民有钱花和敢花钱。要在村民"有钱花""敢花钱"基础上才上马消费性经济建设项目，而且，制定融投资模式、建设模式和收费标准时必须考虑村民的消费意愿和经济承担能力，即使像新农合医疗保险类等乡村社会保障项目也应根据村民的消费意愿和承担能力制定缴费标准。

二是面子工程与精打细算的关系问题。救济乡村其实是城市救济乡村和城里人（企业家、知识分子、机关团体等）救济乡村，带点城市色彩和搞点

"面子"形象也是可以理解的，但始终要记住，救济的对象是需要外力救济的乡村及其村民，需要因地制宜和精打细算，搞出的东西要具有乡村气质和被村民认可，不能移植城市那一套，如在纯农业地区建设大型生活污水处理设施只会落个"吃力不讨好"的烂尾结局。一些人移植城市的生财之道，耍奸商逻辑，把小事搞成大工程，图谋从乡村那里挣横财，这就是不厚道了。

三是"止病痛"与"治病根"的关系问题。乡村建设存在两种取向。取向一是只看到乡村问题，用西医疗法来"止痛"，如送钱、建房、建污水垃圾处理设施等，即授之以鱼；这种建设见效快，表面好看，但不持久且不能根本解决乡村问题，甚至加重乡村的负担。取向二是用中医方法，根据病因来安排乡村建设，授之以渔，提高乡村的自我造血功能，县级农村工业园建设和乡村保障建设就属于这种取向。

（5）三治并举

三治（自治、法治、德治）并存于乡村。乡村自治是村民的自我管理；乡村是村民的社会，村民是乡村建设的主力和主体，提倡乡村自治顺理成章；而且，中国乡村有着自治的传统和理性，有能力施行自治。乡村德治是让伦理道德统治乡村；乡村仍是伦理本位，讲究伦理道德；而且，传统的伦理道德中存在积极东西，与新时代"爱国、敬业、诚信、友善"相容，提倡德治也顺理成章。法治是让法律及相关的制度统治乡村；法治是现代国家和社会的标志，是中国社会的核心价值观之一，培养村民的公民精神离不开法治，理当强化乡村的法治。三治是乡村建设的三种方法、手段和工具，也是乡村建设的三个目标，乡村建设应通过三治并举促进三治融合。

当下的乡村自治主要是村自治（乡镇是一级政府，行使公权力），自治组织是村民委员会（村委）。乡村自治是围绕乡村的人和事的管理和服务。首要是人的管理、服务和教育，催人向上。其次，是日常事务的管理和服务，主要的日常事务有生产管理、社会保障、市场监督、健康卫生、环境卫生、治安消防、便民服务和财务会计等。

德治重在维持人与人、事、物的有序和谐关系。中华民族的悠久历史是一部德治史，德治深耕人的世界观、价值观和幸福观。当下乡村要弘扬中华民族传统美德，加强社会主义思想道德建设，加强信用体系（平台）建设，强化为人处世的底线思维，形成公民道德建设合力，充分发挥道德的力量。独处时自觉实行自我监督；群处时坚持道德标准，正确处理个人与家庭、社会、国家和自然的关系，尤其要打造良好的家风，把对家庭的小爱转化为对国家的大爱，传递尊老爱幼、男女平等、夫妻和睦、勤俭持家、邻里团结的观念，践行社会主义核心价值观：爱国，敬业，诚信，友善，寓己于民族复兴，为民族复兴打下坚实的伦理道德理性。要持续推进美丽庭院打造、垃圾分类、文明出行、文明家庭评选等专项活动，发挥典型的带动作用，进一步增强乡村的道德观念。

法治是现代社会的标志，重在明确公民的权利和义务。中国乡村要加强法制建设和法治教育，用法律保障村民的权利，确保村民履行公民的义务。当前，要深入实施民主法治村建设，加强乡镇"一中心四平台"建设，完善人民调解、行政调解和司法调解的联动机制，提高法治效率；要处理好土地经营使用权利、宅基地继承权利、政治参与权利和继续教育权利等，兑现法治惠民初心；要保护村民的名誉，提高村民的政治、社会和经济地位。

当前，乡村三治也存在不完善之处。其一，三治实则都是假借人来施行的。自治的主体本身就是人，无论自治组织、议事机制、矛盾化解或监督执行，都是人为（思维和行为）；法治和德治的主体虽各为法律规范和道德规范，却也是假借人依法以德治理。只要是人为（这里不等同于人治），就会存在可能的人为的不确定性。

其二，乡村自治的依据还有待明确和完善。法治的依据是明文规定的法律规范，德治的依据也是约定俗成的道德规范，但乡村自治不像法治和德治那样有着明确的依据。而且，即使我们明确乡村自治的依据不能违反法律规范和道德规范，因无论法律、道德如何追求完善，也不可能囊括所有乡村现象，那些法治和德治不及之处只能由自治来填补，或法律、道德虽然涉及，但法不禁止、德不授意，让自治自行处决；这时，除法律规范、道德规范外，便需要追加自治的其他依据。

其三，道德规范和法律规范可能会存在不一致甚至矛盾冲突之处，乡村自治便会遇到法律、道德二选一的困境。

三治的不完善会导致三治混乱和乡村治理的不确定性，是推行乡村治理的淤塞。乡村治理要打通这些淤塞，让乡村诸事畅顺直至习惯成自然，必须完善三治或乡村治理的依据或"治"理，做到三治并举。

第 2 章
垃圾治理体系

垃圾治理体系是垃圾治理人、物、事之间的联系、规范和约束。体系如同一张网，人与物是织网的绳索和空隙，事务是网的使用。垃圾治理体系统领垃圾治理的人、物、事，发挥人与物的作用，驱动、引领和约束垃圾治理事务，起到纲举目张的作用，是垃圾治理的动力之一，由此可见垃圾治理体系的重要性。

2.1　垃圾治理体系的组成

垃圾治理体系规定垃圾治理的组织、制度、运行、评价和保障等方面，这里介绍共治体系（组织体系）、产业体系和法制体系 3 个子体系。

2.1.1　共治体系

共治体系规定垃圾治理的主体架构、主体之间的分工协作及其纵横关系和垃圾治理的运行路线（治理体制及其运行机制），是推行、施行垃圾治理并做到垃圾治理简单高效、有序和谐运行的基础与保障。

我国垃圾治理体制是在政府行政管理体制基础上建立起来的一种多级多中心体制。中央政府及其行政管理部门、省级政府及其行政管理部门、市级政府及其行政管理部门和县（区）级政府及其行政管理部门是法律授权的 4 级行政管理主体，也是各级管理的中心，下一级行政管理主体围绕上一级行政管理主体运转，如图 2-1 所示。实际运行时，县（区）级政府通过乡镇政府（街道办）行使管理。乡镇政府（街道办）行使实际管理权，也成为一级管理中心，行政村（社区）围绕乡镇政府（街道办）运转。

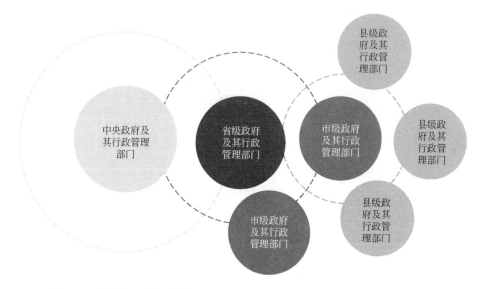

图 2-1 垃圾治理的行政管理体制（中央、省、市、县多级多中心管理体制）

垃圾治理行政管理主体与企业间形成以行政管理主体为中心的管理体制和运行机制，如图 2-2 所示。围绕在行政管理主体周围运转的企业可按行政管理主体级别简称为中央、省、市、县属企业，多是骨干企业（不一定全是国有企业和集体企业）；非骨干企业和辅助性企业则围绕骨干企业运转。

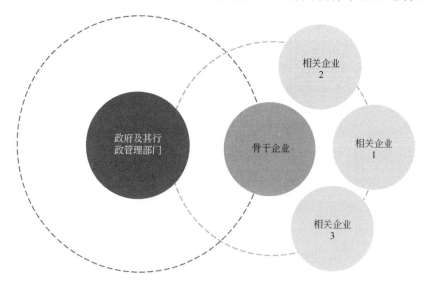

图 2-2 垃圾治理的政企间管理体制（政府与企业间以及企业之间多级多中心管理体制）

这里有一个规范与协调问题。从地理和事务分布来看，垃圾治理事务主要归属市、县级政府管理（属地管理），由市、县属企业经营顺理成章；问题是中央、省属企业的业务只能来自市、县属地的项目，必然要与市属、县属企业同台竞争；这种中央、省属企业与市属、县属企业之间的竞争容易陷入不平等竞争，需要制度规范与协调。

居民小区（自然村）围绕社区居委会（村委）运转，如图2-3所示，这是奠定垃圾治理基础的社区（村）治理体制。社区治理体制与乡镇政府（街道办）管理体制、4级政府管理体制和政府与企业之间的管理体制相依互动，形成完整的垃圾治理体制与运行机制。在这种体制里，要注重集体决策、简政放权、政策传导、贯彻落实、协调协同等要求。

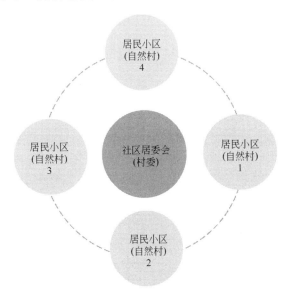

图2-3　垃圾治理的社会组织间管理体制［以社区为中心的小区（自然村）管理体制］

2.1.2　产业体系

垃圾治理的产业体系包括：a. 处理设备开发制造体系；b. 垃圾处理作业体系；c. 垃圾处理产品市场推广与服务体系；d. 制度、环保、技术、资金、社会等方面的支撑体系。

垃圾处理作业体系是垃圾治理产业体系的核心，可分为：a. 垃圾排放权/处理权交易体系；b. 垃圾源头需求侧管理体系（源头减量与排放控制体系）；c. 垃圾分类收集、贮存与运输体系（逆向物流体系）；d. 物质回收利用与二次原料（燃料）开发利用体系；e. 垃圾焚烧填埋处置体系。

垃圾处理流程是一个描述垃圾在其生命周期内去向的概念，将各种垃圾处理作业的先后次序关联起来，形成时空顺序和逻辑结构（流畅性）；各种作业的关联方式不同，时空顺序和逻辑结构（流畅性）便会不同，相应的产品结构、价值链与效益也会不同。流程构建对垃圾处理作业体系和逆向物流体系的构建有重要意义。图 2-4 是垃圾治理的推荐流程。

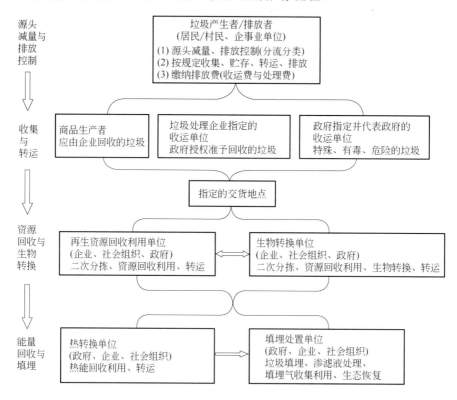

图 2-4　垃圾治理的推荐流程（先源头减量，后物质利用，再能量回收，最后填埋处置）

推荐流程由垃圾源头减量与排放控制、垃圾收集与转运、资源回收与生物转换、能量回收利用与填埋处置 4 个作业环节组成。这 4 个环节贯彻"垃圾源头控制、物质重复使用与再生利用、热能回收利用和无用垃圾填埋处置"的垃圾处理优先顺序或分级处理顺序。

垃圾治理产业体系应围绕垃圾处理作业体系，完善资源配置机制与供求机制，统筹各类垃圾，优化垃圾处理流程，充分利用包括工业产能在内的各类垃圾处理设施的能力，协调推动垃圾源头减量与排放控制、收集、贮存、运输、物质回收利用和焚烧填埋处置，提高垃圾处理的经济、环境、社会综合效益。

2.1.3 法制体系

垃圾治理体系由宪法、基本法、综合法和专项法组成。宪法是根本大法，基本法统率综合法和专项法。垃圾治理的基本法是环境保护法，综合法包括固废法、清洁生产促进法、循环经济促进法、城市规划法等，专项法包括环境影响评价法、水污染防治法、大气污染防治法、噪声污染防治法等。

除法律外，垃圾治理法制体系还包括行政法规、部门规章、地方性法规和地方政府规章、技术标准和规范、规划。

法制体系是依法治理的基础与保障。建立健全垃圾治理法制体系的目的主要有：

① 明确垃圾治理的原则、制度、执行办法，兼顾效率与公平。

② 明确主体的地位、责任、义务、权利，规范主体行为。

③ 界定垃圾排放权/处理权、环境容量的产权与权属，明确垃圾治理服务的分配方式。

④ 明确垃圾处理规范、生产标准和服务标准，促进源头减量和分类处理，提高服务水平。

⑤ 明确利益分配办法，明确垃圾处理服务的行业定价法，明确垃圾收费办法，制定财政补贴与经济激励办法，制定生态补偿办法，用经济手段推动垃圾治理。

⑥ 制定垃圾治理行业竞争管理办法，明确市场开放、竞争与管理办法，明确投融资管理办法，明确市场进入与退出标准，鼓励协同生产，增强行业竞争性，维护社会秩序、效率、正义与公平。

⑦ 明确社会参与办法，包括参与形式、程序、渠道、范围、程度及保障参与办法，鼓励与规范社会合适参与。

⑧ 制定监督监测机制，包括奖惩条例，倡导分工协作与分级制裁，确保相关事务公开、公平、公正与高效实施。

⑨ 制定主体互动办法，规范互动主体、对象、目的、程序、形式、手段和构成，倡导多元治理。

⑩ 健全公众诉求协调机制，妥善处理公众诉求，健全行政调解、法律救济、司法介入等矛盾冲突调处机制，妥善平息矛盾冲突。

⑪ 设定行政强制情形，明确法律责任。

⑫ 明确保障措施。

垃圾治理要坚持法治精神，尤其要发挥《中华人民共和国固体废物污染环境防治法》（以下简称《固废法》）的法治主体作用，用法律规定的权力清单（法律授权）、责任清单（法律责任）、负面清单（法律禁止）来制约公权力和保障私权利；同时，发挥人的主观能动性，根据法律建立健全垃圾治理的制度和运行机制，体现法治的价值、原则和精神。

2.2 垃圾处理体系

垃圾处理体系是由处理方法组成的有机统一体，既可发挥处理方法的主要功能，又拥有处理方法不具有的整体功能。要妥善处理垃圾，就必须完善垃圾处理体系。农业经济时代，垃圾处理体系是一种"自产自消"式的"自然"生态处理体系，工业经济时代需要建立规模化处理的"工业"生态处理体系。

2.2.1 垃圾处理的供不应求困境

较之工业化、城镇化快速推进，垃圾处理的"工业"生态处理体系建设相对滞后，导致垃圾处理供不应求。为什么会这样呢？

一定发展阶段的经济社会有特定的垃圾处理需求，其需求量与价格的关系如图 2-5 中 D_1 需求曲线所示。社会存在一个垃圾处理的刚需 Q_r，无论价格多高，社会都将产生（排放）Q_r 垃圾量；跨过刚需后，价格变化会引起需求量变化，而且，垃圾处理需求的价格弹性将急剧增大，需求量对价格比较敏感，价格小的变化便会引起需求大的变化，如价格从 P_1 降低到 P_2，需求量将从 Q_1 增大到 Q_2；垃圾处理需求曲线呈现需求从无弹性向完全弹性的变化。

不同发展阶段的经济社会有不同的需求及其相应的需求曲线，如可支配收入提高时，需求曲线从 D_1 变成 D_2；需求曲线变动也会引起需求量变化，在价格 P_3 下因收入提高将诱发垃圾产量（排放量）增大，垃圾处理需求量将从 Q_0 增大到 Q_3。

再看垃圾处理的供给规律。当社会对垃圾处理需求处于刚性阶段时，可采用物质利用和填埋方法处理垃圾，此时供给的价格弹性很大，即使社会对垃圾处理的需求增大，垃圾处理都能从容供给；但当垃圾处理需求急剧增大至一定限度后，如果垃圾处理借助几乎没有弹性的焚烧处理方法应对需求增大，将导致垃圾处理供给的价格弹性急剧降低，垃圾处理呈现出供给曲线 S_1

形式。S_1供给曲线存在一个供给能力 Q_{1max}（最大供给量），这个供给能力限制垃圾处理供给；当垃圾处理需求量超过这个供给能力后，只得通过新增设施和技术改造增大供给，将供给曲线从 S_1 改变为 S_2，才能满足不断增大的垃圾处理需求。

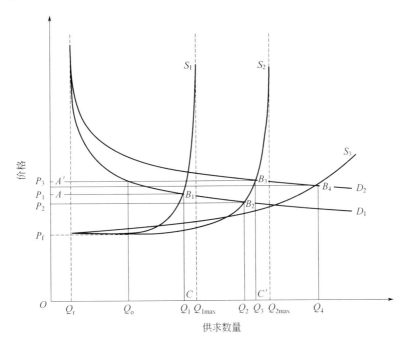

图 2-5　垃圾处理的供求曲线

从以上分析可以看到，当垃圾处理供求平衡被打破后，两种情况下会出现供不应求：垃圾处理需求的增大使得垃圾处理需求量超过垃圾处理供给能力；垃圾处理供给的变化不能适应垃圾处理需求的变化。前者如供给曲线 S_1 下的供给不能满足超过 Q_{1max} 的需求，后者如供给即使从供给曲线 S_1 变成 S_2，仍不能满足价格低于 P_3 时需求从需求曲线 D_1 变到需求曲线 D_2 所引起的需求量变化。换言之，导致垃圾处理供不应求的原因是垃圾处理需求量不断增大而垃圾处理供给对需求量不断增大的适应性不足。

相应地，解决垃圾处理供不应求的对策是：一要加强源头需求侧管理，促进源头减量和排放控制，适度降低垃圾处理需求的弹性，减小垃圾产量（排放量）的增加幅度（力争减小垃圾产量和排放量）；二要优化垃圾处理体系，适度增大垃圾处理供给的弹性，提高垃圾处理供给的适应性，如将供给曲线 S_1 或 S_2 改造为较大弹性的供给曲线 S_3，即使垃圾处理需求量增大到 Q_4，垃圾处理供给仍能满足。

垃圾治理要完善垃圾源头减量与排放控制、物质利用、能量利用和填埋处置体系，建设与垃圾处理需求量不断增大相适应的垃圾处理体系；重要的是加强源头需求侧管理，强化源头减量、分类回收和物质利用，适度建设焚烧处理设施，以抑制垃圾处理需求增大和提高垃圾处理供给的适应性，实现垃圾处理可持续发展。

2.2.2　垃圾处理体系是"减""疏""堵"三合一的综合体

既然垃圾处理困境在于垃圾处理量不断增大而垃圾处理体系不健全，那么，除了建设必要的垃圾末端处理设施外，还必须在末端处理之前向外疏导垃圾处理量的增量，即引入垃圾中处理；还得设法减小垃圾处理量的增量，即引入源头前处理，借此完善垃圾处理体系。

治理垃圾如治水，末端处理是"堵"，中处理是"疏"，源头前处理是"减"；垃圾治理要"减""疏""堵"综合并举，垃圾处理体系是"减""疏""堵"三合一的综合体。

"减"是垃圾源头减量与排放控制，更全面讲是源头需求侧管理，主要作业和任务是垃圾产量抑制、种类与成分控制（源头减量与控制）、分类排放、分类收集、分类回收、分类运输和缴纳排放费，见图2-6；作业主体是垃圾产生者（包括企事业单位、居民/村民）和需求侧管理单位（企事业单位、社区组织和社会组织），其中，社区组织和企事业单位是重要的治理主体。垃圾排放前属排放者的私有品，拥有者应按垃圾排放的有关规定对其进行分类贮存和投放，拥有者不仅是作业主体，也是责任主体。

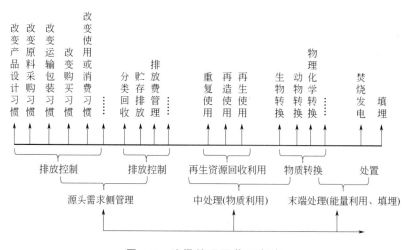

图 2-6　垃圾处理环节及方法

垃圾源头减量与排放控制只有垃圾产生者（排放者）才能胜任。垃圾治理必须推动垃圾产生者（排放者）自治，尤其要发挥社区（村）组织在社区（村）自治中的作用，且宜视社区（村）组织为名义上的垃圾排放者，即视社区（村）所在区域为一个单位，由社区（村）统一居民与家庭的行为，这样便于标定垃圾来源（产权）、减少协调难度和提高治理效率。

垃圾源头控制应重点控制生产企业的行为。实施垃圾排放权许可制度和其他经济手段，鼓励企业落实生产者责任延伸制度，从产品规划、设计等阶段便注重减少资源消耗和寄生在商品上的产品废弃物，开展已排放垃圾的回收利用工作，向社区与居民家庭提供源头减量与排放控制的技术和设备，减少垃圾排放量。企业是工业固废、建筑垃圾、医疗废物、厨余垃圾等产业垃圾的来源，也是生活垃圾中产品废弃物的来源。

"疏"是主动将已排放垃圾分流到利废企业进行物质利用，主要方法有再生资源回收利用和物质转换后再利用两类。再生资源回收利用是重要的垃圾处理方法，主要包括重复使用、再造使用和再生使用等途径，目前的主要处理对象是家电与家具等大件垃圾、电子商务包装垃圾和废旧织物等。物质转换方法主要有微生物转换（厌氧发酵、好氧发酵、兼氧发酵）、动物转换（如猪、蚯蚓、蟑螂、黑水虻转换）和物理化学转换（如固液分离、压榨、热力干化、热解、气化）等途径，主要处理对象有厨余垃圾、农林生物质（秸秆等）、养殖垃圾和动物尸骸等生物质。需要指出的是，生物质厌氧发酵制沼发电属于能量利用，而非物质利用。

"堵"是垃圾处理的兜底方式，主要有能量利用和填埋两种方式，主要处理对象是不宜物质利用的垃圾，如混合生活垃圾、渣土等。根据先物质利用后能量利用原则，焚烧发电、焚烧供热或焚烧热电联产等能量回收利用方法一般位于垃圾处理流程末端，归入末端处理是有道理的。生物质制取的沼气和热解、气化产生的气体可物质利用，也可能量利用；当物质利用时归入垃圾中处理方式，当能量利用时应归入末端处理。垃圾填埋处置位于流程最末端，是最终的兜底方式。

垃圾治理要统筹考虑前处理、中处理、末端处理及收运环节，协调发展。前处理和中处理一般为中小规模，或分散或相对集中，宜实行属地管理，就地或就近处理；末端处理（终处理）一般为大中型规模的集中处理，可实行市级统筹或更大范围的区域统筹以便更好地统筹垃圾处理设施的经济效益、环境效益和社会效益。从处理方法看，应坚持实用高效，力求源头治理、以废治废、综合治理和多措并举。从处理主体来看，应坚持政府与社会良性互动，实行企业化运作。垃圾处理应坚持协调发展、规模适宜、方法实用和企业化运作，并借助区块链技术和互联网平台将垃圾前、中、末端处理资源组成虚拟产业园，极大化垃圾处理体系的综合效益。

在追求绿色低碳生产生活时代，垃圾治理构建垃圾处理体系时要引入降碳约束。垃圾治理提倡"减量化""资源化"和"集约化"就是在践行绿色低碳，垃圾治理本体具有绿色低碳基因。垃圾治理行业要抓好"垃圾减量""物质利用"和"垃圾处理设施的节能、节水、减排和增效"3个环节，推动行业"绿色再造"，为降碳做出行业贡献。

源头减量和物质利用可以直接减少二氧化碳的生成量，无疑是最有效的直接降碳措施；垃圾集约化处理可降低物质消耗和能源消耗，降低碳氧化合物和大气有害物排放量与排放浓度，是有效的间接降碳措施；垃圾能量利用，无论是垃圾直接焚烧还是垃圾先转换成沼气、热解气、填埋气等燃料后再燃烧燃料，都会产生碳氧化合物，严格讲不属于绿色低碳利用，应提高集约化程度，间接降碳。

垃圾治理"绿色再造"的关键是要再造垃圾处理体系，形成先源头减量、再物质利用、最后能量利用和不得已时才填埋处置的垃圾处理秩序，强化源头减量和物质利用，提高垃圾处理效率，减少二氧化碳的生成量和排放量。再造不是简单的翻版，垃圾治理绿色再造不仅要对现有设施进行技术革新，还要对现有处理体系进行改造，赋予新体系以新的功能、新的方法、新的重点和新的目标。

2.2.3 垃圾处理体系是一个有机体

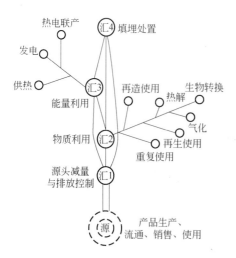

图 2-7 垃圾处理系统树

⊙ 垃圾生源；○ 垃圾处理汇；
—— 垃圾物流通道

垃圾处理体系是一个有机体。垃圾产生源、垃圾处理的源头减量与排放控制、物质利用、能量利用、填埋处置和物流及交易可以画成一系统树（图2-7），直观地表明垃圾处理体系是一个"分级处理、逐级减量"的有机体，各种处理方法之间存在强联系，其联系通道是物流及交易。

因垃圾处理体系是一个有机体，改变任一环节或枝节，都会引起其他环节的变化，影响体系的效率和适应性，牵一发而动全身。比如，大力发展焚烧发电业务（能量利用环节），势必会减少物质利用与填埋处置量，增大垃圾清运费用。因此，评价某一外包项目的绩效时，不仅要评价该项目的绩效，还应该评价该项目对其他项目和垃圾处理体系建设的影响，顺应垃圾治理的客观规律和市场规律，确保垃圾处理整体上张弛有度，避免顾此失彼的人为干预。

虽然客观上垃圾处理方法形成一个有机体系，但因垃圾处理主体，包括垃圾处理者和购买处理服务的政府，带有主观偏好或受客观条件制约，选择处理方法时往往厚此薄彼，甚至更偏激的非此即彼，导致实践中垃圾处理方法形成一个残缺不全的垃圾处理体系，甚至用一种处理方法替代处理体系。

主体带有主观偏好，这是垃圾处理体系建设需要正视的客观存在，而且垃圾处理应该结合当地的客观条件因地制宜、因时制宜和因势制宜，这也是垃圾处理体系建设需要正视的客观存在。但这两点只是垃圾处理实践中"具体问题具体分析"的一面，垃圾处理体系建设还有"遵守垃圾治理规律"这一内在面。

非此即彼地选择处理方法时，应该权衡选择的机会成本是否过高，以致得不偿失。如选择全量焚烧或填埋，虽然可以"短平快"地解决垃圾消纳，但将失去推行垃圾源头减量和分类排放的必要性和主动性，从而失去一个普遍适用的促进社会治理的抓手，换言之，将失去垃圾治理的根本意义，以"处理"替代"治理"，可谓得不偿失。

厚此薄彼地选择处理方法时，应该权衡选择的边际成本是否过高，以致损害更好边际效益的处理方法。如增大 1000t/d 垃圾焚烧发电处理能力，在投资、物质资源保护、节能、节水、减碳、增效、环境保护和社会和谐等方面收到的边际效益，是否大于增大 1000t/d 垃圾物质利用的边际效益，这是垃圾处理体系建设时应该考量的综合因素之一。

这就提出一个政策激励问题：需要通过激励，建设各种垃圾处理方法相互支撑、相互协同的垃圾综合处理体系。政府部门应以法律、法规、规划和政策文件等形式明确激励政策，并研究人们对激励的反应，确保激励有效，引导垃圾处理体系建设健康发展。

垃圾处理要坚持"分级处理、逐级减量"原则，即先源头减量和排放控制、再物质利用、后能量利用和最后填埋处置，统筹优化垃圾处理流程，均衡发展垃圾处理的各个环节，保证各级协调衔接和良好匹配，形成垃圾处理全过程的生态链，减少垃圾产量（源头减量），减少每级处理后的垃圾排放量（逐级减量）和降低垃圾处理的总成本和财政补贴，实现资源保护、环境保护、经济效益和社会效益相统一。

这里要强调的是，必须扬弃只有高市场价值再生资源（废品）才回收利用的传统观念，加强低值可回收物的物质利用，并借助现有工业产能拓宽垃圾处理渠道，打造分级处理产业链，推动垃圾分流分类。

垃圾处理体系是一个复杂的有机统一体，且与外部环境发生作用，需要掌握垃圾处理体系的内部、外部规律及其相互作用，掌握垃圾处理体系内部、外部的变化，据此建设顺时应物的垃圾处理体系。

2.3 垃圾治理的政府与社会分工

垃圾治理是政府、社会及社会相关方基于分工的协商共治。现代社会是个高度自我、利益高度分化的社会，也是个呼唤社会自治、政府与社会良性互动的社会——这是垃圾妥善治理的基础，也是垃圾治理的愿景。政府和社会应和谐与共，聚焦美好。为此，垃圾治理首先要明确政府与社会的分工协作关系。

2.3.1 政府与社会相关方之间的关系

政府与社会相关方之间的关系，如图 2-8 所示。

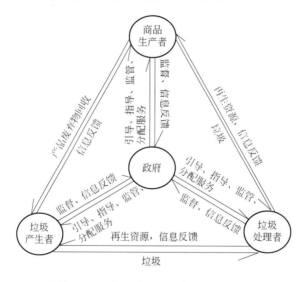

图 2-8　政府与社会相关方之间的关系

商品生产者向垃圾产生者转移并回收产品废弃物，向垃圾处理者排放产业垃圾并购买再生资源，向政府索要节能减排政策并监督政府行政。产生工业垃圾的商品生产者还有垃圾产生者另一重身份。

垃圾产生者向垃圾处理者排放垃圾并购买垃圾处理服务和再生资源，向商品生产者反馈产品相关信息，向政府索要垃圾排放权并监督政府行政。

垃圾处理者向商品生产者和垃圾产生者提供垃圾处理产品，包括物质资源、能量资源、环境容量、宣传教育等实物性和服务性产品，向政府索要垃圾处理权和处理政策并监督政府行政。

政府制定相关法制、政策、准则、规划和方案，统筹各方利益，动员社会各利益相关方积极参与，并与社会各方结成垃圾治理伙伴关系，采购与分配垃圾处理的服务性产品，引导、指导、监督垃圾治理秩序，保障垃圾产生者的排放权和垃圾处理者的处理权，集中力量办大事，确保垃圾治理的简单高效、有序和谐、正义公平。

垃圾治理的相关方身份交集、两两关系紧密，其分工与作用的界限具有一定的模糊性，需要各方协作协同，尤其在垃圾治理服务的供给（生产）、享受（消费）与采购、分配与分离时（如目前的生活垃圾治理服务），更需要相关方协商协调与通力合作——这是垃圾治理普遍存在的特征。

2.3.2 垃圾治理（处理）的组织形式

垃圾治理运作方式是政府运作、政府督导企业运作和市场化运作的混合体。依据政府、社会、市场之间的关系，垃圾治理（处理）企业运作和市场化运作的组织形式可分为市场型、市场导向型和政府购买与分配服务型 3 种，如图 2-9 所示。

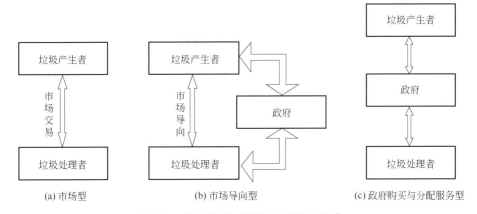

图 2-9　垃圾治理（处理）的组织形式

市场型垃圾治理［图 2-9（a）］由市场配置资源，垃圾产生者与处理者直接进行市场交易，达成供求均衡的市场价格，政府只需做好行业管理、监督和服务。高市场附加值垃圾的处理宜采用市场型组织形式。

政府购买与分配服务型垃圾治理［图 2-9（c）］是一种政府强管制的组

织形式。垃圾处理者与垃圾产生者彼此分离，只通过政府发生间接关系。政府向垃圾处理者购买垃圾处理服务产品，再将其分配给垃圾产生者；政府向垃圾处理者支付垃圾处理费，并向垃圾产生者征收垃圾排放费；此时的垃圾处理费和垃圾排放费实际上是一种行政命令，而非市场交易产物，存在两者不可平衡的可能；正因为如此，垃圾排放费和垃圾处理费存在究竟是行政事业性还是经营服务性的争议。公益性强且市场化能力弱的垃圾处理，如生活垃圾填埋处置，可采用政府购买与分配服务型组织形式。这种组织形式易出现政府失灵与市场失灵，应尽量少用。

低市场附加值垃圾的处理宜采用市场导向型的组织形式［图 2-9（b）］，这是主要的垃圾治理组织形式。垃圾产生者与处理者遵循市场导向，直接交易；垃圾产生者直接向处理者支付垃圾处理费；政府在尊重市场规律的前提下对垃圾治理活动加以引导和通过经济手段间接管制，如视具体情况给予垃圾处理者或产生者适度补贴；即使如此，政府行为也可能扰乱市场交易秩序。

市场导向型［图 2-9（b）］和政府购买与分配服务型［图 2-9（c）］的最大区别在于政府的位置。在市场导向型里，政府"靠边站"，只起到引导与规范作用，让垃圾产生者与处理者面对面，市场起着主导作用，即使政府管制也是尊重市场规律前提下的管制。在政府购买与分配服务型里，政府占据"中间枢纽"位置，拆散垃圾产生者与处理者，分别掌控产生者与处理者的活动。

垃圾治理的一项艰巨任务就是让政府正位，将政府购买与分配服务型改造成市场导向型和市场型，由政府大包大揽改变为政府引导，让垃圾处理回归经营性服务本位，并通过垃圾处理作业一体化促使垃圾处理者直接向垃圾处理服务的需求者收取垃圾处理费和自负盈亏。市场能有效解决的坚决采用市场型，市场不能独立解决的采用市场导向型，只有市场失效的才采用政府购买与分配服务型。

垃圾治理的组织形式是政府与社会之间的运行关系，主体是政府与社会（由垃圾产生者和垃圾处理者组成），市场是联系工具或治理工具。市场抓住了人类追求"利益"的天性，成为推动社会经济发展的一大工具，被冠以"看不见的手"称号，政府与社会必须善用"市场"这一工具，维护社会秩序、效率、正义与公平。

2.3.3 政府与社会分工

（1）分工原则

首先，根据权属管理原则，"谁拥有，谁管理，谁负责"，确认管理责任主体。对于已排放的垃圾，已成为"公共资源"，政府是其管理的责任主体，负有妥善处理的责任。垃圾一经排放便成为公共资源，政府就有责任为其找到消纳出路。

对于未排放的垃圾，属于排放者的私人物品，垃圾产生者是其管理的责任主体，应遵守"产生者负责"原则、"受益者补偿"原则和"生产者责任延伸制度"，负有按社会约定并经政府颁布的规定进行源头减量、分类贮存、回收、排放与付费的责任，包括商品生产者负有落实生产者责任延伸制度、减小资源消耗和垃圾产量、控制垃圾的物化性质、回收利用产品废弃物和提供垃圾治理信息的责任。

其次，根据产权、权属、公益性、市场化指数、收益潜力等众多因素，确认政府与社会及社会各相关方在垃圾治理具体项目的分工与责任。

（2）具体分工

依据上述分工原则，可给出政府与社会在垃圾治理项目的分工及其主要职责，见表 2-1。组织者承担项目管理责任，参与者承担作业管理责任及项目管理连带责任。

表 2-1　政府与社会在垃圾治理项目的分工及其主要职责

组织者	项目与主要分工		主要职责	参与者及主要职责
政府及其公共事业机构	产业支撑体系	组织机构	构建支撑体系、制定与量化治理准则、负责产业发展决策、规划、协调统筹、宣传教育、处理上访与投诉、引导、指导、监管、维持垃圾治理秩序	政府、社会 参与体系建设、监督监测、服务咨询
		法制体系		
		监督监测体系		
		技术服务体系		
		宣传教育体系		
		上访投诉处理服务		
	排放权/处理权交易	排放总量控制/处理规模控制	构建排放权/处理权交易体系、管理排放权/处理权、参与排放权/处理权交易、监督监测排放权/处理权执行情况	政府、社区组织、商品生产者、垃圾产生者和处理者 参与排放权/处理权交易、监督排放权/处理权执行情况
		配额分配		
		发放许可证		
		市场交易		
		监督监测		
	服务性产品的分配		采购、分配治理服务	政府、社区组织
	应急管理		应急预案、指挥、协调，建设营运应急设施	政府、社会 参与应急体系建设
	公益性较强环节的垃圾处理作业		参与处理作业管理，调节、丰富市场竞争	政府、国有企业 建设营运处理设施

组织者	项目与主要分工		主要职责	参与者及主要职责
社区组织、商品生产者、垃圾产生者与处理者	源头需求侧管理	减少资源消耗和垃圾产量	动员社区、单位、家庭和个体开展源头减量与排放控制作业、组建源头处理组织或企业、监督源头作业效果、缴纳与收取及管理排放费	政府、社区组织、商品生产者、垃圾产生者和处理者 实施、监督源头需求侧管理
		分流分类、贮存		
		保洁、收集、回收		
		源头预处理		
		排放费收支管理		
垃圾处理者	垃圾逆向物流		负责垃圾收集、贮存、运输	社会、政府 作业与监督
	物质利用	再生资源回收利用	处理作业,环境监测,配合相关部门做好环保、安全、宣传教育等工作	企业、社区组织、政府参与设施建设营运与监督检测作业、政府负责监督监测
		生物转换及利用		
	能量利用（热转换及利用）			
	填埋处置			

政府主要承担垃圾处理产业支撑体系、排放权/处理权交易体系、服务型产品分配和应急管理等项目的管理责任。这些项目政策性强、惠及面广、对产业化和产业发展影响深远、产权难界定、公益性强而市场化指数低，需要政府建立健全公共政策，统筹协调，调用公共资源，发挥政府的宏观调节和调控作用，以引导、指导、监督、维持垃圾治理秩序。对于一些公益性较强的垃圾处理环节，如有害垃圾的收运与处理、应急性填埋场等，政府应起到主导作用，甚至以伙伴身份，直接与社会一起参与这些处理环节的作业。

需要指出的是，政府是这些项目的组织者、管理者，但不一定是作业者和作业管理者。政府可通过购买服务方式，将社会能承接的具体业务委托给社会，让社会承担作业主体，如将技术监督监测、技术服务、宣传教育、垃圾处理作业等任务委托给社会。此时，政府即使不直接参与作业，依然是服务供给的责任者，其提供公共服务的责任并不因委托社会生产而有任何减少，政府始终是最后的责任主体。

社会是垃圾治理的主要作业主体（实施者）和作业管理主体，承担源头需求侧管理，垃圾收集、贮存、运输，再生资源回收利用、生物转换、热转换和填埋处置等处理作业及其组织管理，并参与监督监测、技术服务、宣传教育服务和法制体系建设。

企业是垃圾处理的基本单位，垃圾处理要按企业模式组织与运作（企业化），有用垃圾回收利用如此，无用垃圾填埋作业如此，排放权/处理权交易中心亦如此，即使源头分散作业也最好以虚拟处理厂的组织形式进行企业化管理。

社区组织作为社区利益的代表者，在垃圾治理中起着不可或缺的作用，应成为垃圾治理所有环节的参与者。在源头需求侧管理环节，只有能够体现民意的社区组织才能发动与组织公众投入到源头作业中来，积极开展源头减量与排放控制活动；即使在具有一定利润的中处理环节，因社区组织掌握垃圾来源，不仅可以采取入股方式加入垃圾处理企业，甚至还可以独立建设与营运垃圾处理设施。

社区组织应发挥政府、社区和企业财团三者间的纽带作用，在垃圾处理产业中扮演好组织者角色。如果扮演得好，实现垃圾治理的社区自治，政府将只需要面对社区组织，无须面对众多企业、家庭和个人，有利于理顺管理关系，提高政府行为的效率，这是构建垃圾处理产业体系的追求目标之一。

值得强调的是，垃圾排放费是垃圾产生者（排放者）缴纳的、旨在维持垃圾收集、贮存、运输、物质利用、能量利用和填埋处置等活动的费用，其收支管理涉及垃圾处理者，之所以列为源头需求侧的职能，是因为垃圾处理者也是垃圾产生者（表 2-1 把垃圾处理者列进源头需求侧也是基于这点）。

2.3.4　集体选择

无论垃圾治理行业如何明确政府与社会的分工协作关系，也无论法制如何清晰地给出公权力授权和私利的禁止清单，仍有大量的垃圾治理事务需要具体处理，此时，有必要强调"集体选择"原则。坚持集体选择应作为垃圾治理的一项基本制度。

集体选择既是活动过程，也是活动结果。作为活动过程，集体选择是指将个人诉求交付所在的集体，由集体依据一定的规则（一致同意、多数同意或否决等），按程序予以协商并做出选择的过程；作为活动结果是指集体最后给出的决议。

公众参与关乎自身利益的公共事务时，应先将个人诉求交付集体并形成集体选择，再通过所在集体向政府表达并监督集体选择的落实，不得以私利绑架集体选择。

政府要尊重社会的集体选择，同时，也要以集体选择形式做出满足大多数公众利益的决策，维护公众利益，同时照顾少数人利益。

任何以个人意志取代集体选择的后果必然会导致政府、社会或集体采取断然措施，实施保障大多数公众利益的决策决定。

当且仅当集体选择成为垃圾治理的行为准则，公众将个人行为统一到集体选择，政府自己坚持集体决策又尊重社会的集体选择时，公众参与和政府决策才能转化成利益一致、决策正确和执行高效的社会行动，这就是政府与公众的良性互动。

垃圾治理需要政府引导，广泛吸收各利益相关方参与，强化政府与社会及社会各利益相关方之间的互相依赖性和互动性，维护与完善垃圾治理的市场机制，需要政府与社会协商共治。重点有三：一是要求社会自我管理、自主自治；二是要求政府与社会成为伙伴关系；三是要求法治化。

2.4　垃圾治理的行政管理制度

垃圾治理行政管理制度是对垃圾治理的行政管理主体行权履责的规范性安排，包括对职权、责任的实体性安排和行权履责的程序性安排。垃圾治理的行政管理主体及其职权与责任由垃圾治理的管理体制确定。这里将垃圾治理行政管理制度与垃圾治理管理体制及其运行机制分开，只为便于集中讨论垃圾治理的客观规律对垃圾治理行政管理制度的要求。

（制定）垃圾治理行政管理制度要遵循"职权法定，边界清晰，主体明确，流程简化，目标可达，办事便捷，运行公开"等（制定）行政管理制度的一般性原则；建立健全政务公开制度、司法公开制度、执法公开制度和行政权力清单制度、责任清单制度、负面清单制度"三公开三清单"制度；建立健全涉及行政管理主体管理、监督、执法和服务方面的相应制度，如垃圾治理资质许可制度、处罚制度、奖励制度、目标责任制和考核评价制度、年度报告制度、司法介入制度、生态补偿与赔偿制度、垃圾排放费收缴制度和垃圾处理费支付制度、强制回收制度、垃圾处理"三同时"制度、符合垃圾资源化利用与环境保护及环境卫生标准制度、公众参与制度、信息公开制度、信用记录制度、有奖举报制度等；简政放权，问责结合，依法规范行政职权，严格履行法定责任，健全法定决策程序，依法规范决策、协调、监督、服务、考核、激励等活动，切实保护垃圾治理主体合法权益。

（制定）垃圾治理行政管理制度要遵循（制定）垃圾治理规律，如政府主导、妥善治理、全生命周期管理和统筹兼顾。垃圾治理的行政管理制度要聚焦行政管理主体与垃圾产生者、垃圾处理者及社会相关方之间的关系，强化源头减量与排放控制、逆向物流、物质利用、能量利用、填埋处置等垃圾处理全过程管理（垃圾全生命周期管理），统筹垃圾治理的规划、推行、实施、体系建设等各项工作及其相互作用，统筹社区、地区和行业的垃圾治理，统筹垃圾治理与社会治理齐头并进，按需授权，在兼顾公平与效益前提下实现垃圾治理的减量化、资源化、无害化、社会化、集约化和人民满意等目标最优。

（制定）垃圾治理行政管理制度要充分发挥行政管理主体的主导作用。垃圾治理的行政管理主体在垃圾治理实践中居于主导地位，这是由垃圾治理的社会性、外部性等客观特性决定的。垃圾治理的行政管理主体居于主导地位，而行政管理制度是规范行政管理主体行权履职的制度，说明垃圾治理行政管理制度对垃圾治理的作用非同小可，要定好用好，既要保护行政管理主体能够执行制度，做到"法无授权而不为"，又确保行政管理主体能够不被法律制度捆住手脚，用好主导地位，提供政策、规划、计划、指导、引导、规范、监督、执法服务，直接参与甚至掌控垃圾焚烧、填埋处置和应急管理等公益性较强的垃圾处理服务，推动垃圾妥善治理。

这就要求垃圾治理行政管理制度专注职权与责任的实体性安排和行权履责的程序性安排，少规范行政管理主体行权履责的方法手段。虽然法律规定的权利与责任明确而不可违，"三公开三清单"制度必须执行，但垃圾治理的行政管理主体可创新、灵活运用行权履责的方法手段，出奇制胜。垃圾治理行政管理需要创新行权履职的方法手段，奇流不止。

如《固废法》（2020 年修订）规定地方政府要采取有效措施减少生活垃圾产生量，促进生活垃圾综合利用，降低生活垃圾的危害性，最大限度降低生活垃圾填埋量，垃圾治理行政管理制度就没必要硬性规定如何减量、如何促进综合利用尤其是加强哪些种类垃圾的资源化利用、如何降低垃圾的危害性和怎样降低垃圾填埋量等方面，应在这些方面给垃圾治理的行政管理主体及其他主体留下发挥主观能动性的空间，或允许行政管理主体引入适用"法不禁止即可为"的第三方以规避"法不授权不可为"，让制度用来管好世人物事而不是束缚人的创造性发挥。

但要强调的是，垃圾治理行政管理主体必须依法行政，尤其要严格执行强制性标准和行政强制。垃圾治理的强制性标准和行政强制是为了"保护人体健康和人身财产安全""保护生态、环境、资源""防止欺骗"甚至"保障国家安全"等重大方面，具有强制执行效力。《固废法》规定的行政强制情形是不可触碰的红线。

垃圾治理行业的强制性标准，依据《关于加强强制性标准管理的若干规定》（2002 年），集中在保护人体健康和人身财产安全要求，保护动植物生命安全和健康的要求，垃圾源头减量与排放控制、收集、运输、资源化利用和焚烧填埋处置过程中的安全、卫生、环境保护等技术要求，工程建设的质量、安全、卫生、环境保护要求及国家需要控制的工程建设的其他要求，污染物排放限值和环境质量要求，防止欺骗、保护消费者利益的要求等方面，如《危险废物鉴别技术规范》（HJ 298—2019）、《危险废物焚烧污染控制标准》（GB 18484—2020）、《一般工业固体废物贮存和填埋污染控制标准》（GB 18599—2020）等便属于强制性标准。

垃圾治理的行政强制，依据《固废法》，有查封、扣押、拘留 3 种强制措施和关停、连续处罚、没收违法所得、退回 4 种强制执行方式。《固废法》设定了行政强制的具体情形，是不可触碰的红线。

此外，（制定）垃圾治理行政管理制度要调和行政管理制度与管理体制及其运行机制之间的不协调。从垃圾治理的客观规律出发提出的行政管理制度或许会与现行管理体制及其运行机制不协调，此时，要么修正管理体制及其运行机制以适应行政管理制度的强化要求（这往往是困难的），要么转而求其次，调整行政管理制度以弥补管理体制及其运行机制的不足（这是比较现实的选择），垃圾治理行政管理制度要有这方面的制度安排。

2.5 垃圾治理的经济制度

垃圾治理的经济制度是为了保障垃圾治理主体的权利，这里的垃圾治理主体包括垃圾产生者、垃圾处理者、商家（包括商品生产商、分销商或电商）和行政管理部门，还应包括垃圾产生者所在地的集体和垃圾处理设施所在地的集体。各垃圾治理主体的关心点有所不同，行政部门的关心点主要在垃圾妥善治理和社会公益，垃圾产生者、垃圾处理者等其他主体的关心点主要在自己的私利，这是设计垃圾治理经济制度的基础。为保障主体权利，垃圾治理的经济制度至少要包括财政专项资金制度、生态补偿与赔偿制度、垃圾排放征费制度、垃圾处理费支付制度和生产者责任延伸制度。

2.5.1 财政专项资金制度

垃圾治理财政专项资金制度主要适用于政府与社会之间。政府设置垃圾治理财政专项资金，用于保障垃圾治理的管理与服务、可持续发展和应急处理，具体用途有：a. 日常性垃圾管理与服务；b. 动员、组织社会参与；c. 垃坂治理突发事件的应急处理；d. 奖励垃圾源头减量与排放控制、资源化利用和妥善处置；e. 支持垃圾治理可持续发展与创新。

2.5.2　生态补偿制度

生态补偿制度主要适用于垃圾产生地与垃圾接收地之间。垃圾接收地因建设"邻避性"垃圾处理设施而损失发展机会，理当受到补偿；相反，垃圾产生地因向外输出垃圾而获得良好的生态环境及由此触发出新的发展机会，理当向垃圾接收地支付补偿。这就是垃圾治理要遵守的"受益者补偿，受损者受偿"原则。垃圾治理要根据该原则建立健全生态补偿制度。

2.5.3　生态赔偿制度

生态赔偿制度主要适用于垃圾产生者、垃圾处理者与其所在地之间。垃圾产生者或垃圾处理者因处理不当造成所在地的生态环境破坏时，要承担生态环境赔偿责任，不仅要承担恢复生态环境的相关费用，还要承担相关处罚，这就是垃圾治理要遵守的"损害者赔偿"原则。生态环境赔偿责任是一种强制性、惩罚性责任。垃圾治理要根据"损害者赔偿"原则建立健全生态赔偿制度。

2.5.4　垃圾排放费征收制度

垃圾排放征费制度主要适用于垃圾产生者与垃圾处理者之间。为了管理方便，垃圾产生者可能委托物管、社区居委（村委）或所在地政府等第三方全权代理，形成适用于"垃圾产生者—第三方—垃圾处理者"三者之间的垃圾处理费收支制度（包括垃圾排放费征收制度和垃圾处理费支付制度）。建立垃圾排放费征收制度的原则是"垃圾产生者负责"原则。

垃圾排放费征收制度应起到以下引导作用。a. 支撑垃圾处理。根据垃圾处理费确定垃圾排放征费基数，按量计费，产生越多缴费越高。b. 鼓励源头垃圾减量。制定按量计价计费方法或阶梯式计量收费办法，产生更多单价更高缴费更高；制定垃圾排放权交易制度，让垃圾产量多的人购买垃圾排放权。c. 鼓励垃圾分类排放和资源化利用。按类计价，按量计费，甚至"购买"可回收物，加重混合垃圾排放收费。同时具有上述引导作用的垃圾排放征费方式应是"按类按量计价计费"，单价和总费都与种类和质量相关。

2.5.5 垃圾处理费支付制度

垃圾处理费支付制度是垃圾处理者与垃圾产生者之间的交易安排，是"垃圾处理者受益"和"垃圾产生者付费"原则的体现。垃圾处理者向垃圾产生者提供垃圾处理服务，理应当向垃圾产生者收取垃圾处理费。

垃圾处理费支付制度应起到以下引导作用。a. 支撑垃圾妥善处理。根据垃圾处理的净成本确定垃圾处理费基数，保障垃圾妥善处理。b. 支持垃圾处理体系建设。制定引导各类垃圾（物质）资源化利用、焚烧、填埋等各种处理方法良性发展的"行业定价法"。c. 适应垃圾产生者和垃圾产生地的支付能力。d. 支持向垃圾处理设施所在地提供适当的服务。e. 支持社会公益活动。

行业定价法给出基于各类垃圾或各种处理方法处理的净成本、利润并权衡各类垃圾处理或各种处理方法的重要性的处理单价。这里，处理单价=处理单位某类垃圾的经营净成本+平均利润×该处理的权重，其中，净成本=成本-收入，平均利润=收入×行业平均利润率。比如，若需要物质利用、焚烧发电和填埋的垃圾清运量（处理量）比例为5∶3∶2，为了落实"分级处理、逐级减量"原则，定价时可取物质利用、焚烧发电和填埋的权重分别为1.13、1.0和0.67，如果行业平均利润率为6%，物质利用、焚烧发电和填埋的利润分别约为6.8%、6%和4%。对各类垃圾的处理，也依此定价。

行业定价法根据垃圾处理方法和垃圾的"质"与"量"定价，可以更好地发挥处理单价的引导作用，实现各种处理方法协调发展和物尽其用。处理单价同时具有鼓励与压制的双重引导作用，鼓励某种处理方法和某类垃圾的分类处理，压制成本太高而社会效益不显著的处理方法和某类垃圾的分类处理。比如，垃圾处理行业定价法给出的各类垃圾的处理单价从低至高依次是废纸、废玻璃类低值可回收物、厨余垃圾和不可物质利用的其他垃圾，如果单位厨余垃圾的处理成本高于行业定价法给出的厨余垃圾处理单价，甚至高于不可物质利用的其他垃圾的处理单价，则分出与单独处理厨余垃圾便失去经济意义（除非垃圾处理者甘愿赔本）——这正是行业定价法和按类按量计价计费的积极作用所在。

行业定价法全盘考虑行业的可持续发展。"各类垃圾或各种处理方法处理的净成本"是指行业内各类垃圾或各种处理方法的经营净成本，而非具体项目的经营净成本，这一点非常重要。我们可以看到，一个地区同一个垃圾处理者经营的同一类垃圾处理设施却有不同的处理单价，这是以垃圾处理者为中心的项目成本导向定价法导致的不和谐，实际上是管理漏洞。每个地区应明确经营边界、经营标准、经营成本和基准收入，制定统一的行业利润率和垃圾处理单价（对个别特殊项目则特殊处理）。垃圾处理者能接受这个处理单价就去经营，否则，就让他人来做。

垃圾处理费和垃圾排放费因第三方的存在而出现金额差异。在垃圾产生者与垃圾处理者直接交易条件下，供需双方将达成一个市场价格，此时，垃圾处理费与垃圾排放费的金额相同；在"垃圾产生者—第三方—垃圾处理者"模式和市场经济条件下，垃圾处理费与垃圾排放费都应加上第三方服务费，此时，垃圾处理费与垃圾排放费相平衡；在非市场经济条件下，尤其是在垃圾处理供需分割条件下，垃圾处理费和垃圾排放费由第三方确定，此时，两者的金额可能完全不同且不可平衡，一般情况下，所需支付的垃圾处理费高于所能收缴的垃圾排放费。

2.5.6 生产者责任延伸制度

生产者责任延伸制度是落实商家在垃圾回收利用中的责任的经济安排，如抵押金制度、以旧换新制度、强制回收清单制度。德国"绿点"标志做法值得借鉴，已经缴纳垃圾回收费用的产品贴上"绿点"标志，商家缴纳的资金则通过规定程序和途径补贴给回收利用企业和垃圾产生者；"绿点"标志做法的最大优势在于将各商家的小额资金汇集成大额的基金，这笔基金可进入金融业流转（催生绿色金融），从而增强资源化利用的资金扶持力度。除明确商家的垃圾回收利用责任外，生产者责任延伸制度还应明确商家的垃圾减量责任。

2.6 垃圾治理行业一体化融合发展

"一体化融合发展"是垃圾治理行业的一个发展课题，垃圾治理行业伴随经济社会的发展而发展。农业经济时代，城乡和城市的各个部门都可以"各自为战"且轻松地消纳掉自己产生的垃圾；但进入工业经济时代尤其经济社会区域融合发展时，垃圾治理需要社会化、工业化、规模化、协同化和一体化的垃圾处理体系，需要消除农业经济时代"各自为战"的惯性影响和垃圾处理供需分割、城乡分割、区域分割和行政管理体制分割，推进同质垃圾协同处理和垃圾治理行业一体化融合发展。推进垃圾治理行业一体化融合发展的路线是进一步强化可回收物综合利用的区域一体化，优化垃圾治理体系，促进垃圾治理区域协同和一体化。

2.6.1 垃圾治理行业一体化的主要方面

垃圾处理作业一体化、区域协同和一体化和体制协同和一体化是垃圾治理行业一体化急需推进的 3 个方面。垃圾处理作业一体化的重点是垃圾收集、运输、处理一体化，即将垃圾收集、运输作业、垃圾排放费征收，甚至垃圾源头减量与排放控制服务，融入垃圾资源化利用和焚烧、填埋处置等垃圾处理作业；区域协同和一体化的重点是城乡一体化和回收物综合利用的区域一体化，并推动垃圾治理跨域合作；体制协同和一体化的重点是推进同质垃圾融合处理，推进资源回收网络与垃圾分类网络的融合（"二网融合"）。

推进垃圾处理作业一体化的主要目标是让垃圾处理供需直接交易。垃圾处理供需分割是计划经济的产物，后果是让垃圾产生者成为旁观者，让企业失去参与市场公平竞争的动力和市场竞争能力，让政府承担超出其资源承担能力的生态环境保护、资源保护和社会治理活动，让垃圾处理成为一项不健全的政治经济活动，既损害企业利益、社会利益和政府形象，又阻碍垃圾处理产业化。推进垃圾处理作业一体化以消除垃圾处理的供需分割和优化垃圾处理组织形式刻不容缓。

复原垃圾处理的经济活动性质，让其拥有经济活动和市场行为的要素，体现出垃圾处理服务的生产、交换和消费规律，促进垃圾源头减量与排放控制、收集、压缩（中转）、运输、资源化利用、焚烧、填埋处置等垃圾处理各个环节的协调发展，让垃圾处理企业不仅考虑垃圾如何处理，还考虑如何获得"物美价廉"的垃圾和向社会提供"丰富多样""质优价廉"的产品，让垃圾处理企业通过市场规律平衡垃圾处理服务的供给与需求，并从垃圾处理服务过程中受益，而非一味地依赖财政补贴。

复原垃圾处理的社会活动性质，让其成为垃圾治理与社会治理的主要项目，维护社会的生态、环境、资源、健康、发展与享受等权益，维护商品生产者与商品消费者的权益，体现垃圾产生者与垃圾处理者的权利与义务，促进生产生活和经济社会可持续发展。简言之，就是让商品生产企业敢生产和多生产，让商品消费者多消费和多享受，让垃圾治理成为人人主动自觉坚持的正道美德，让垃圾处理在一定的社会规范下有序、优质、公平、公正地开展，以实现经济效益与环境效益、资源效益、社会效益相统一。

2.6.2 推进垃圾处理作业一体化

推进垃圾处理作业一体化首先要建立健全市场导向型垃圾处理组织形

式。市场导向型垃圾处理组织形式是垃圾处理企业与垃圾产生者以市场规律为导向进行直接交易，政府为保障社会公共权益对垃圾处理活动进行规范、调控与监督。垃圾处理组织形式的调整不仅涉及垃圾处理作业项目的调整，也涉及投融资模式和商业模式的调整，更重要的是涉及垃圾治理体制与机制的创新，目的是进一步提高社会参与的积极性，提高政府"放管服"水平，促进垃圾处理向垃圾治理转变，兼顾效率与公平，保障垃圾处理企业的私益和社会公益。

其次，要推行与市场导向型垃圾处理组织形式相适应的垃圾处理一体化PPP模式。垃圾处理不仅要采用PPP模式，更要采用一个项目主体总揽垃圾收集、运输等前置业务和资源化利用、末端处置等后续处理业务的全流程一体化PPP模式，即所谓的垃圾处理一体化PPP模式。该模式具有3个特点，即一个项目主体、垃圾处理全流程一体化和PPP。

垃圾处理一体化PPP模式大致有3种组织形式：一是由一家垃圾处理企业独家承揽垃圾后续处理业务和与之相关的前置处理业务，像一般工业企业那样，实现设计、生产、销售和原材料采购等业务一体化；二是由一家垃圾处理龙头企业牵头组建垃圾处理全流程处理企业同盟或联合体，以企业同盟或联合体为主体去竞标全流程一体化项目；三是由垃圾处理龙头社会组织为主体，与相关企业、社区居委会（村委）、物业管理公司和垃圾排放者互动共治，承接全流程一体化垃圾处理项目。要指出的是，垃圾处理一体化PPP模式强调一个一体化PPP项目要以"一家"为大，并非意指一地一城的垃圾处理要由一家垄断；相反，垃圾处理一体化PPP模式强调竞争和反对垄断。

2.6.3　推进区域协同和一体化

调整"地方自治"政策为"地方负责，跨域合作"政策，促进垃圾治理区域协同和一体化。修订"谁产生谁治理，谁排放谁治理，哪里排放便哪里处理"为"谁产生谁负责，谁排放谁负责，哪里排放便哪里负责处理"。明确区域合作机制与规范监督机制，包括互动机制、利益分配机制、监督机制、利益诉求协调机制和矛盾冲突调处机制等，明确项目的选择原则、选址基本方针、融资建设模式、安全卫生防护标准、规划评价、生态补偿与社会参与办法。鼓励结合经济社会区域融合发展、都市圈一体化、新型城镇化和城乡服务一体化发展，同步统筹、规划、建设运营区域内和跨域的垃圾治理基地、园区和设施，优化垃圾处理设施布局，提高垃圾处理的规模效应，提高经济欠发达地区的垃圾治理水平和更大区域的垃圾治理整体水平。

2.6.4　推进体制协同和一体化

深化体制改革，强化部门协同，整合垃圾资源和垃圾治理资源，推动同质垃圾协同处理，促进垃圾治理体制协同和一体化。整合再生资源回收利用管理职能和建筑垃圾、工业垃圾、农林业垃圾、城乡生活垃圾、污泥、医疗垃圾等垃圾治理的管理职能，归口到一个部门统一行使；同时，建立发展改革、国土规划、财政、生态环境、建设、工信、农业农村、能源、水务、物价、科技等部门的协调机制，加强部门间分工协作，提高行政效率，促进产业垃圾与生活垃圾中的同质可回收物的协同处理，促进厨余垃圾、养殖垃圾、农业秸秆、绿化垃圾、城镇污水处理厂污泥、动物尸骸等同质生物质的协同处理。

2.6.5　一体化融合发展的动力分析

推进一体化融合发展的动力主要有地区发展、地区差异、垃圾的资源性和外部性的内部化。推进一体化融合发展的阻力主要有生态环境保护意识、垃圾的污染性、垃圾及其处理的外部性和人的自利性。

地区发展需要资源、资金和规模效应。如果寻求垃圾治理跨域合作的一方不仅供应具有资源价值的垃圾，而且能够提供资金，垃圾治理跨域合作便可能实现；如果地区发展的功能规划包含垃圾的资源化利用，利废企业为了增大生产的规模效应，自然会对外寻求作为原料或燃料的垃圾。由此可见，地区发展所需资源、资金和规模效应可以促进垃圾治理跨域合作，进而促进垃圾治理区域协同和一体化。

地区之间的差异助推垃圾治理区域协同和一体化。既然有差异，就可优势互补，如一地经济较发达，就可向欠发展地区提供资金；一地土地供应较从容，就可向土地供应紧张的地区提供土地。现实往往是经济较发达地区的土地供应较紧张，而土地供应较从容地区的经济欠发展，正好优势互补。

不可否认，将垃圾转移到外地处理实际上是垃圾产生地将垃圾排放的外部不经济性转移给界外的一种自利性行为（这种转移冲动是垃圾处理一体化融合发展的一种动力），而垃圾接收地处理外地垃圾实际上不仅为垃圾产生地提供了垃圾处理服务且承担了垃圾处理的外部经济性成本，垃圾产生地显得有些"不正义"而对垃圾接收地显得有些"不公平"，因此，垃圾产生地和垃圾接受地之间，除了商定垃圾处理服务费外，要建立健全生态补偿制度。

可以优先推进下列 4 种情形的垃圾处理跨域合作：

① 本地土地资源紧张而资金充足,有意愿寻求外地提供垃圾处理服务的地区, 如广州、上海、北京这样的一线城市。

② 地域相邻、交通便捷、联系紧密和产业互补,同城化趋势明显,出于功能布局需要, 有必要统筹垃圾处理的区域, 如粤港澳大湾区、长三角、京津冀这样的都市圈区域。

③ 一些人口较少、本地垃圾处理量小乃至不能形成垃圾处理规模效应的地区。

④ 需要外地提供垃圾处理资金等资源支持的经济欠发达地区。

外部性的内部化是平衡外部不经济性与外部经济性的一种手段,也是驱动垃圾处理作业一体化、跨行跨类垃圾协同处理和商品生产者协同处理垃圾的动力之一。如垃圾回收、运输、资源化利用和末端处理者参与垃圾源头分类服务,指导垃圾产生者按规定排放,不仅提高自己的生产效率,降低成本,还可收取一定的分类服务费,从而降低垃圾处理的外部经济性成本;同时,垃圾产生者分类排放,也降低垃圾排放的外部不经济性成本,是外部性内部化的一个例子。又如,生活垃圾焚烧处理设施协同焚烧农业秸秆,既提高发电效率和生活垃圾焚烧发电的效益,又资源化利用农业秸秆和解决农业秸秆的出路问题,具有外部性内部化的优势。

垃圾具有污染性,垃圾处理排放污染物,垃圾及其处理都具有外部性和邻避效应,而人具有自利性,地方政府也具有自利性（内部性）,推进垃圾治理跨域合作和一体化融合发展必然会遇到阻力,而且,随着人们的生态环境保护意识的提高,所遇阻力会越来越大——这正是垃圾治理要解决的课题之一。

2.7　源头需求侧分析

源头需求侧由产生垃圾的源头和消费垃圾治理服务的需求者组成。全社会任何人都产生垃圾,都有垃圾治理的需求,这说明全社会都属于源头需求侧,由此可知源头需求侧管理在垃圾治理中的重要性。源头需求侧管理存在一些内在问题,如利益矛盾、不合作占优博弈、垃圾治理供求不确定性等,值得关注。

2.7.1　源头需求侧是利益矛盾体

垃圾产生者和垃圾治理的需求者组成源头需求侧。垃圾产生者与垃圾治理的需求者实际上是一个主体，而且，商品生产者、垃圾治理的需求者、垃圾处理者同时也是垃圾产生者，都属于源头需求侧。垃圾产生者（垃圾治理的需求者）、垃圾处理者、商品生产者在垃圾治理中的身份角色有所区别，使得源头需求侧既是一个利益共同体又是一个利益矛盾体。

（1）利益共同体

从各主体的收益看，他们是一个利益共同体。商品生产者为了获得更大收益，要多生产产品因而多产生垃圾；垃圾产生者为了获得更多享受（收益），要消费更多产品或消耗更多的生产资源因而多产生、排放垃圾；垃圾处理者也为了获得更多收益，要处理更多垃圾。

从供求关系看，他们也是一个利益共同体。垃圾产生者与垃圾处理者互为垃圾处理的供求方，垃圾产生者是垃圾处理者的垃圾原料供给者和垃圾治理的需求者，垃圾处理者是垃圾处理服务的供给者和垃圾原料的需求者。

而且，从社会整体来看，任何人都既是垃圾产生者又是垃圾处理服务的受益者，社会自治背景下的垃圾产生者同时也负有源头减量与排放控制等垃圾处理责任，也是处理者，垃圾产生者与处理者理当结成一个利益共同体。

（2）利益矛盾体

因各自的相对身份不同，各自主张的权利有所不同，而且因垃圾及垃圾处理的外部性降低市场效率，当他们获得自己主张的权利时却不可避免地损害了他人的权利。源头需求侧内部存在权利矛盾，是一个利益矛盾体。

首先，垃圾产生者（垃圾处理需求者）与垃圾处理者之间存在权利掣肘。垃圾产生者与垃圾处理者之间的关系是垃圾处理服务的消费与供给关系，这是一种天生的讨价还价关系。此外，垃圾产生者排放的垃圾越多，造成的生态、环境、资源压力就越大，垃圾处理的外部成本或社会成本也越大，给垃圾处理者的压力也就越大，同时也损失了包括垃圾处理者在内的社会利益；相反，如果垃圾产生者排放的垃圾太少，对资源、生态、环境保护是个福音，但让垃圾处理者没有足够的垃圾处理，将牺牲垃圾处理者的利益。

其次，商品生产者与垃圾产生者之间也存在权利掣肘。商品生产者生产的产品越多，通过产品转移给商品消费者的产品废弃物便越多，商品消费后产生的垃圾也越多，作为垃圾产生者的商品消费者的利益损失就越大（如果垃圾排放费按量计价计费，将缴纳更多的垃圾排放费）；但生产的产品减少，将损失作为商品消费者的垃圾产生者的商品消费权利。

2.7.2 源头需求侧的不合作占优博弈

治理主体各自以一定的策略做出自己的选择，目的是争取自己的边际收益而避免损失。政府维护公益，商品生产者、垃圾产生者、垃圾处理者等社会主体维护私利，政府与社会主体之间必然存在利益博弈。政府是垃圾处理的兜底者，负有"及时处理垃圾"的兜底责任。正是这个"政府不得不及时处理垃圾"让商品生产者、垃圾产生者和垃圾处理者做出自己的选择时不约而同地采用不合作的占优策略，不仅他们彼此之间不合作，而且他们都齐心地不与政府合作，逼迫政府不得不承担"及时处理垃圾"的兜底责任，以获得更大的私利。

"政府不得不及时处理垃圾"这一前提让垃圾产生者与垃圾处理者选择不合作。对垃圾产生者而言，无论是否与垃圾处理者合作，也无论垃圾处理者是否合作，其排放的垃圾都会得到及时处理，因为政府不得不及时处理。也正因为"政府不得不及时处理垃圾"这一前提，垃圾处理者即使不与垃圾产生者合作，依然获得投资回报，政府不得不把垃圾原料送上门，也不得不采购自己的垃圾处理服务。

相反，如果选择合作，垃圾产生者和垃圾处理者都将付出比不合作更高的成本。垃圾产生者要按规定排放和缴纳垃圾排放费，垃圾处理者要付出与垃圾产生者的交易成本并接受垃圾产生者（垃圾处理需求者）的监督。在这一状态下，为减少成本，垃圾产生者和垃圾处理者都会理性地选择不合作策略。同样道理，商品生产者与垃圾产生者或垃圾处理者之间也会理性地选择不合作策略。

由此可见，为了保证源头需求侧各利益相关方之间合作互动并与政府互动，应弱化治理主体的"政府不得不及时处理垃圾"心理，扶持社会自治。为此，要建立完善的法制、集体契约和个人操守体系，加强自治、法治和德治；要完善垃圾治理规划与计划，有序推进垃圾治理；要完善经济激励、相互监督机制等，激励社会自治。同时，需要政府依法行政，统筹协调和规范监督各方的利益，引导人们正确认识垃圾产生与治理带来的收益与损失及其平衡。

2.7.3 垃圾治理的供求不确定性

源头需求侧的垃圾供给与垃圾处理服务需求存在不确定性。因商品消费习惯、垃圾排放习惯、经济承担能力、心理偏好等方面因人而异，部分人隐瞒自身偏好和不确定自身偏好，以及源头需求侧的利益矛盾、垃圾排放的外部不经济性、信息不完全和不对称等原因，导致垃圾供给和垃圾处理服务的供求存在不确定性，甚至严重偏离真实需求。

垃圾处理服务的供给存在不确定性。因投资期限较长、垃圾处理服务的外部经济性和环境容量难以计量计价，垄断、搭便车效应、邻避效应、寻租活动的经济损失难以准确预算，信息不对称及不可抗力因素等，投资成本与收益难以准确测算；而且，垃圾处理的外部经济性导致处理者的收益小于预期，使得垃圾处理者的投资偏于保守，致使垃圾处理服务的供给出现不确定性，甚至不足。

垃圾处理服务需求与供给的不确定性将导致垃圾处理能力不足或过剩，即市场失灵。实际上，垃圾治理存在垄断、外部性、信息不完全和不对称等市场障碍，存在责任分散效应、搭便车效应、邻避效应、不值得定律等社会障碍，这些障碍将导致资源配置失当和社会福利损失。结果是垃圾不能妥善处理，需要政府调节和平衡垃圾治理的需求与供给。

然而，政府不当干预会引起新的垃圾处理服务供求的不均衡性。如政府不当管制导致供求分离，这一现象普遍存在于生活垃圾治理行业，形成了以政府为纽带的"产生者（排放者）—政府—处理者"关系，使得排放费与处理费失去其调节垃圾处理服务供求的作用，难以保障供求均衡，甚至导致失衡。

2.7.4 提高源头需求侧的自治能力是解决问题的关键

解决源头需求侧的利益矛盾、不合作占优博弈和垃圾处理服务的供求不确定性和不均衡性等问题，关键在于强化源头需求侧自治。为此，要做好垃圾确权、厘清责任、市场导向等6方面工作。

① 垃圾确权。视社区（村）为垃圾排放者，标定垃圾产权，划片治理。

② 厘清责任。厘清商品生产者、垃圾产生者（垃圾处理服务的需求者）和垃圾处理者等垃圾治理相关方的责权利。

③ 市场导向。完善垃圾治理的组织形式，减小对政府的依赖，发挥市场的导向作用，让垃圾处理供求双方直接交易，将外部性内部化，提高治理效率。

④ 完善制度。完善源头需求侧管理制度，强化源头需求侧依法治理、综合治理和动态治理。

⑤ 协同管理。促进文化、工信、公安、工商、安全等相关部门的协同管理。

⑥ 数字赋能。加强数字技术的应用，推动源头需求侧管理智能化和智慧化，丰富和加强源头需求侧管理功能，提高源头需求侧管理能力，减小源头需求侧管理成本。

源头需求侧务必强化自治态度，提升自治能力，才能与政府良性互动，才能自主自觉地解决自身问题，才能发展与保护私利公益，才能获得有序、高效、协同、和谐发展。

2.8 【案例】数字技术在垃圾治理体系中的应用

数字技术赋能垃圾治理体系优化。自动化、人工智能、大数据分析、物联网、云计算在垃圾治理体系中有许多潜在应用，将改变垃圾治理方式方法，优化垃圾治理体系，提升垃圾治理无害化、资源化、减量化、社会化水平，促进垃圾治理智能化、智慧化、集约化和因时而进。

2.8.1 互联网平台的应用

以下是某区厨余垃圾收运处理监管平台实例，包括 4 大功能：

① 统计全区范围内各街道办、社区、居民小区内每日、每月的农贸市场（包括超市农贸部）厨余垃圾（食材废料），大中食堂和餐饮单位的厨余垃圾（食材废料和食物剩余物）、泔水/废油脂、居民小区厨余垃圾的称重质量，遗漏点位详情，输出统计报表。

② 统计全区范围内各街道办厨余垃圾的流向和进出相关的厨余垃圾处理厂的厨余垃圾质量、运输车趟次、接收时间、运输费、处理费，输出统计报表。

③ 对厨余垃圾漏收点位和车辆出现超异常情况,如转运起点、转运终点、偏离线路和区域、来源单位、超速等情况，进行报警、点对点呼叫、统计和分析。

④ 以一张图大数据可视化展示上月、本月上述统计数据，并上传市级城市管理部门监控指挥中心。

涉及 10 类治理主体：市城管部门、区城管部门、运输单位、街道办、社区、居民小区、农贸市场（包括超市农贸部）、大中食堂、餐饮单位、相关的厨余垃圾处理厂，这些主体之间形成网状、层状结构。

应用互联网平台时首先要明确平台的使用（建设）目的：这个平台是综合性的还是功能性的（如行政管理功能、生产管理功能、源头需求侧管理功能等）或仅仅是配合新基建（通信网络基础设施建设、数字经济技术基础设施建设、算力基础设施建设），综合或管理到什么范围与程度，管理包含哪些功能（推行、监控、指挥、规范、指导、结算、追溯等），是否要求服务党派、政府机关、群众、企业、社会团体、媒体的功能，以及平台是否需要提供记录、统计、分析数据，是否需要人工智能等，越全面越具体越详细越好。

其次，必须搭建平台的主体架构。事先搭建平台所涉及主体的架构，明确主体之间的分工协作及其纵横关系，明确垃圾治理的运行路线，真实体现出垃圾治理主体的地位、职责、作用、活动要求及其相互关系。主体架构必然呈网状结构，还可能呈层状结构，需要具体问题具体分析。

如在跨域合作与城乡一体治理体系中，垃圾治理互联网平台将涉及多地多级政府、多个部门与行业、多类多家垃圾处理企业（包括前、中、终处理服务企业和中转与运输企业，甚至包括电动运输车的充电桩运营企业），甚至延伸到源头的居民家庭，其主体架构便是个多层次的网状结构，要体现"政府主导、全民参与、分类处理、融合发展"的主体关系。

垃圾治理行业已经建设了一些互联网平台，如垃圾分类投放与废品回收平台、厨余垃圾收运处理监管平台、垃圾运输（物流）监管平台、环境有害物排放监管平台、垃圾处理费与生态补偿费结算平台等。

现有平台偏重监控和应付，缺少集成、集约、服务和创新功能，需要升级改造以适应垃圾治理的转型升级。现有平台，即使那些以企业为应用对象的平台，多以行政监管为主要目的，带有监控特质，监管的目的又多聚焦在防范诸如混投乱扔、偷运偷排类负面行为；而且，现有平台多是出于直接应付一些热点、焦点问题，如垃圾分类平台就是对普遍、强制"推行生活垃圾分类制度"的应付，环境有害物监管平台、垃圾运输监管平台甚至垃圾处理费与生态补偿费结算平台也是出于对邻避效应和群众投诉热点的应付，带有应付特质。

其实，监控和应付特质是垃圾治理行业普遍存在的两大特质。可以说，垃圾治理行业长期陷入监控与应付"垃圾围城（村）""邻避事件""群众投诉"等热点、焦点问题的被动之中；一遇到热点、焦点问题，第一反应是回避和止痛，而非治病治本；忽视基本问题和处理、产业、治理、理论体系研究，因而没有系统、辩证和融合地推动垃圾治理，以致目前既要推进转型升级，又要克服以往不良发展的后遗症。

鉴于以往互联网平台不健全，推动垃圾治理互联网平台提速换挡前务必梳理以往平台，根据使用对象［政府主管部门、垃圾处理企业、废品回收企业（站点）、垃圾运输企业（车队）、社区/小区物管或垃圾分类服务第三方等］、垃圾处理方法和流程（源头减量与排放控制、物质回收利用、焚烧、填埋）等依据，对以往平台分门别类，甄别以往平台在"全程、综合、多元垃圾治理体系"的适用性。

2.8.2　区块链技术

（1）完善点对点的物质和排放权交易，强化源头需求侧管理

物质回收的一大难点是回收具有不确定性。可回收物质的排放者在哪、回收者在哪、排放者排放的是什么物质、排放物质的资源价值多高、回收者提供的信息是否可靠等都具有高度的不确定性，这增大了可回收物质的交易成本和监管难度。

区块链工具可以消除这种不确定性。区块链通过智能合约的集成操作，实现可回收物的点对点交易，让可回收物的排放者与回收者进行无缝交易，排放者容易找到回收者，回收者可以快速判断是否成交和以多大代价成交，从而简化回收交易流程，降低回收交易成本。

排放者可以根据自己所排放物质的资源价值的高低设定与公示交易条件，回收者也可设定与公示自己的交易条件，这些交易条件的设定与公示有利于形成交易价格，是推动垃圾分类回收和源头需求侧管理的市场之手。

除物质回收交易外，区块链将完善点对点的垃圾排放权交易。减排者作为排放权的卖方出售节约出来的剩余排放权并获得经济回报，那些无法按照政府规定减排或认为减排代价过高而不愿减排的超排者只得作为排放权的买方，不得不去交易市场购买其必须减排的排放权。

而且，区块链的加密技术便于政府追溯和监督交易。区块链是一种加密技术，记录每次交易情况，确保交易记录零错误，并保留一个永久的账簿。政府可根据账簿准确地向排放者和回收者提供优惠支持，鼓励源头垃圾分类回收和加强源头需求侧管理。

（2）建设虚拟产业园，促进垃圾治理与其他行业的融合

垃圾治理产业园建设一直受到行业资源和土地供应的约束，而垃圾治理行业与工业、农林业、能源等行业的融合又受到地域和体制割裂的掣肘。这

些约束和掣肘可通过"虚拟产业园"克服，利用区块链可以简单高效地建立起垃圾治理虚拟产业园。

所谓"虚拟产业园"是指通过计算机网络和智能合约关联起来的垃圾治理生产资源。它的最大优势是通过整合分布在一个城市甚至城市以外地域且权属不同部门和行业的生产资源，优化垃圾治理，而不必像传统产业园那样集中在一个园区内。

垃圾治理虚拟产业园可以包括垃圾治理行业的焚烧、填埋处置设施，可以包括供销系统的回收站点和利废企业，可以包括农林养殖等行业的生物质利用企业，可以包括医疗废物、污泥等处置设施，也可以包括与垃圾治理相关的工业设施，此外，还可以包括物流公司，甚至源头垃圾分类第三方服务公司。这样的虚拟产业园资源充足，有能力将这些资源优化使用，加快建设垃圾治理的生态工业处理体系，并将垃圾治理供给与需求关联起来，真正可以实现以废治废、变废为宝、综合治理和优质服务，促进垃圾治理与其他行业的融合。

区块链在虚拟产业园的应用或许会重新唤醒分布式垃圾处理模式。在厨余垃圾资源化利用领域，尤其在采用堆肥、厌氧发酵制沼和动物转换（黑水虻、蚯蚓等转换）等资源化利用方法时，可利用区块链技术构建"虚拟分布式厨余垃圾资源化利用产业园"，在垃圾产生源头预处理，在产品利用市场生产。与大规模园区集中式模式比较，分布式垃圾处理更接近原料产地和利用市场，更便于环境管理，降低征地拆迁难度，提高市场效率和厨余垃圾资源化利用的智能化、智慧化水平，是值得期待的模式。区块链的应用是否引发垃圾处理从现有的大规模园区集中式向分布式分散处理模式转变有待观察。

（3）建设垃圾治理区块链，加快实现垃圾妥善治理

建设垃圾治理区块链，有助于推动垃圾妥善治理，值得期待。主要体现在以下几个方面。

① 增进信任。打破居民、小区、社区、回收站点、垃圾压缩站/中转站/多功能站、利废企业、垃圾处理企业、政府等各类主体内部和彼此之间的信任壁垒，强化个体隐私保护，增进主体间信任与合作，降低交易成本。

② 加强可追溯。保障垃圾流向的可追溯性和数据的真实性，防欺诈、偷漏税。

③ 提高责任。建立居民、小区、社区分类垃圾统计数据库，有助于强化居民、小区、社区在源头分类中的作用。

④ 提高管理效率。便于垃圾处理者提前掌握垃圾特性，或选择合适的原

料（各类垃圾）或调整管理策略，提高垃圾处理效率和企业效益。

2.9 【案例】厨余垃圾资源化利用综述

厨余垃圾主要来自：a. 蔬菜基地、农贸市场产生的食材废料；b. 家庭厨房产生的食材废料和食物残余；c. 公共食堂及餐饮行业的食材废料和食物残余。蔬菜基地、农贸市场和家庭厨房产生的食材废料（习惯上称之为厨余垃圾）以生料为主，总固含量和有机质含量分别在 20%左右和 15%左右；家庭、食堂和餐饮业的食物残余（习惯上称之为餐饮垃圾）以熟料为主，总固含量和有机质含量在 10%以内。

随着生活垃圾分类的普遍推行，厨余垃圾资源化利用将越发重要，并将成为物质利用的一个重要项目和垃圾分类处理的一个产业分支，值得重视。走好厨余垃圾资源化利用的第一步，为工艺技术、经营模式和基本价格奠定基础，对厨余垃圾资源化利用及其产业发展尤为重要。

2.9.1 厨余垃圾资源化利用的内在逻辑

预计 2025 年厨余垃圾分出量将达到 $2\times10^5 t/d$。《固废法》要求厨余垃圾无害化、资源化处理；而且，厨余垃圾具有资源化利用的物质基础，厨余垃圾含有 20%左右的有机固料是提倡厨余垃圾资源化利用的物质逻辑。更重要的是，通过技术手段可以提高厨余垃圾的资源化利用价值，如通过厌氧发酵制沼发电技术，不仅提高燃料（沼气）的能级（热值），也提高发电效率，使得含固率 20%的厨余垃圾厌氧发酵制沼发电的发电量可达到含固率 50%的混合垃圾焚烧发电量的 70%；再者，厨余垃圾分类处理有利于干垃圾的物质利用，有利于提高其他垃圾的热值和焚烧发电收益，有利于降低其他垃圾的含水率和易腐有机质的含量，简化其他垃圾的填埋处置，从而提高垃圾处理的综合效益。一定规模、物质基础、技术基础、综合效益和法律规定形成了厨余垃圾资源化利用的内在逻辑。

厨余垃圾含固率一般在 30%以内，因地因时而变化，而且可在 5%～30%范围内变化，变化幅度较大，使得厨余垃圾具有不确定性，导致厨余垃圾资源化利用也具有不确定性。

以厨余垃圾厌氧发酵制沼为例，厨余垃圾含固率的变化以及处理工艺技术引起的固料转换率、酵料含固率、残渣含固率等变化对沼气、残渣、沼液产量影响很大，见表 2-2。测算时，假定残渣的含固率为 35%（含水率 65%），不考虑有机反应对物料平衡的影响。

表 2-2　厨余垃圾厌氧发酵制沼的理论数据

厨余垃圾含固率/%	酵料含固率/%	酵料量/%	外加水量/%	固料转换率/%	沼渣产量/%	沼液产量/%	沼气产量/%
5	5	100	0	50	7.1	90.4	2.5
				60	5.7	91.3	3
10	5	200	100	50	14.3	180.7	5
				60	11.4	182.6	6
	10	100	0	50	14.3	80.7	5
				60	11.4	82.6	6
15	5	300	200	50	21.4	271.4	7.5
				60	17.1	273.9	9
	10	150	50	50	21.4	121.1	7.5
				60	17.1	123.9	9
	15	100	0	50	21.4	71.1	7.5
				60	17.1	73.9	9
20	5	400	300	50	28.6	361.4	10
				60	22.9	365.1	12
	10	200	100	50	28.6	161.4	10
				60	22.9	165.1	12
	15	133.3	33.3	50	28.6	94.7	10
				60	22.9	98.4	12
	20	100	0	50	28.6	61.4	10
				60	22.9	65.1	12

注：酵料量 =TS/A；配制酵液所需加水量 =TS/A-1；沼气产量 =T×TS；沼渣产量 =(1-T)TS/(1-W)；沼液量 =[1/A-T-(1-T)/(1-W)]TS；A、T、TS、W 分别是酵料的含固率、厨余垃圾的固料转换为沼气的转换率（固料转换率）、厨余垃圾的含固率和残渣的含水率。

厨余垃圾含固率的不确定性不仅给设施建设营运造成困扰，而且给处理单价的确定造成困扰。政府采购服务时不可能天天去监测厨余垃圾含固率，更不可能一天一个价。一个现实做法是，根据以往的统计数据确定一个基准含固率，再以此为基础来测算处理单价。

2.9.2　厨余垃圾资源化利用的系统与工艺技术

厨余垃圾资源化利用包括 5 个子系统：a. 厨余垃圾接收系统；b. 预处

理系统；c. 资源化转换系统；d. 资源化利用系统；e. 三废治理系统。核心和关键是预处理、资源化转换和三废治理。

厨余垃圾资源化转换方法可概括为 3 大类：动物转换、生物转换和物理化学转换，其选取主要取决于占地、转换率和投资 3 大因素。

中小规模（100t/d 以内）时采用堆肥和动物转换（控制动物制品的流向）2 种转换方法，较大规模时采用厌氧发酵制沼方法，有条件地区可以采用厌氧发酵制沼和好氧堆肥联合处理的方法。厨余垃圾资源化利用项目较少采用物理化学转换方法，主要是成本较高，但不排除将来利用太阳能进行转换的前景。

生物转换尤其厌氧发酵和厌氧/好氧联合发酵是主要方向，70%以上的厨余垃圾资源化利用项目采用生物转换方法，大规模资源化利用项目又以厌氧发酵制沼转换为主。近年来，干式厌氧发酵制沼在国内成功应用，因其占地小，不需要外加水因而沼液产量小，将有望受到青睐。中、小规模项目可采用沤肥、堆肥等生物转换方法将厨余垃圾转换成土壤改良剂或有机肥就地就近消纳。

更小规模厨余垃圾就地就近处理可采用动物转换方法，如通过家禽（大动物）、蚯蚓、黑水虻等动物将厨余垃圾转换成动物营养质和动物粪便，然后再合理处置动物及其粪便。

预处理工艺技术的选取取决于厨余垃圾性质和资源化转换方法，其重要性甚至可以决定厨余垃圾资源化利用项目的成败。强制推行生活垃圾分类制度之前，一些项目的厨余垃圾大多来自混合生活垃圾的二次分选，预处理工艺包括破袋、筛分、人工分拣、破碎、风选、磁选等分选工序，甚至还包括（热风、生物、太阳能）干化工序，普遍存在流程过长且受缠绕、黏结、分离困难和环境管理难等困扰，导致厨余垃圾资源化利用项目运行不可靠、管养难、投资与运行成本高等。相对以生料为主的厨余垃圾的预处理而言，以熟料为主的餐饮垃圾的预处理主要以油水分离为主，比较简单，餐饮垃圾的资源化利用项目因此也比较成功。

强制推行生活垃圾分类制度之后，厨余垃圾主要来自农贸市场（包括超市农贸专场）的食材废物、食堂和酒楼的食材废物与食物剩余物，其次来自居民小区分出的食材废物与食物剩余物，不仅来源有保障，而且，厨余垃圾的固料主要是可降解有机质和纤维质，有利于简化厨余垃圾资源化利用的预处理工艺。以厌氧发酵制沼发电为例，从国内成功案例看，干式发酵的预处理主要是破碎（控制酵料的粒度），湿式发酵的预处理主要是高压压榨制浆，都不是采用传统的二次分选工序，极大地缩短了预处理工艺流程，提高了稳定性和可靠性。生活垃圾源头分类简化厨余垃圾资源化利用的预处理，也使厨余垃圾资源化利用具有正当性（换言之，以往那种从混合垃圾中分出厨余垃圾再加以利用的做法，是不值得的）。

三废治理问题或环境管理难，对厨余垃圾资源化利用项目，尤其是大规模厌氧发酵制沼项目，是个重大问题，但又是个不得不妥善解决的问题。无论干式发酵还是湿式发酵项目，都会产生大量的残渣、沼液和臭气，尤其是湿式发酵，因制取酵料时需要外加水，其沼液量甚至大于厨余垃圾量，环境管理难度相当大。

主动方法是减少三废产量，被动方法是加强三废处理。目前可供选择的主动方法是采用三废减量方法和控制项目的处理规模，如以干式发酵替代湿式发酵以减少沼液产量，加大湿式发酵的沼液回流和中水回用以减少外加自来水量，通过区块链技术建设分布式厨余垃圾资源化利用设施等；被动方法有沼渣（残渣）与厨余垃圾及其他有机垃圾联合堆肥、残渣制成衍生燃料等以加强残渣的资源化利用，加强臭气控制与废气净化等。

在三废控制上，应明确3个约束，即三废减量约束、二次废物更易处理约束和经济性约束。所谓三废减量约束就是要求厨余垃圾资源化利用过程中对外排放的废渣与废水之和不得大于厨余垃圾处理量。所谓二次废物更易处理约束就是厨余垃圾资源化利用过程产生的三废应比厨余垃圾更容易处理。所谓经济性约束就是厨余垃圾资源化利用（包括过程产生的三废治理）的单位厨余垃圾服务单价不得高于分类前混合垃圾的综合处理单价，更不得高于混合垃圾的焚烧处理单价。

2.9.3　厨余垃圾资源化利用的处理单价

以1000t/d厨余垃圾（20%含固率）制沼发电BOT或PPP项目为例，假定政府采购垃圾处理服务的处理单价计算公式为：处理单价=处理单位某类垃圾的经营净成本+平均利润×该处理的权重，其中，净成本=成本-收入，平均利润=收入×行业平均利润率。计算处理单价时既计算投资收益又计算收入利润。

（1）假设条件

① 项目建设营运期。特许经营期30年，其中，第1～2年为建设期，第3～5年提产期，免征所得税，第6～8年所得税减半，为12.5%，第9年开始所得税率为25%。

② 折旧。按照平均年限法，设备折旧年限假设为15年，土建及其他折旧年限为25年。

③ 建设投资。厨余垃圾制沼发电设施建设投资为20万～40万元/（t•d）

（不含征地及拆迁费用）。

④ 垃圾发电。280kW·h/t 以内的电价为 0.65 元/（kW·h），超过 280kW·h/t 的按照燃煤发电行业平均电价 0.37 元/（kW·h）计算。

⑤ 投资。资金结构中 30% 为自有资金，70% 为成本（银行贷款），资金筹措费率为 0.5%。

⑥ 年利率。采用等额本息的方式，资金贷款年利率为 4.5%。

⑦ 贷款用途。厨余垃圾制沼发电设施设备及安装费用占比 45%（可降至 30%），建筑工程及其他费用占比 55%。

⑧ 贷款期限。设备及安装费用采用 15 年贷，建筑工程及其他费采用 25 年贷。

⑨ 投资收益和利润。假设资本收益率和行业平均利润率都为 8%。

⑩ 税金。a. 增值税率 17%，垃圾处理费即征即返 70%，发电上网即征即返 100%；b. 企业所得税 25%，垃圾能量利用享受"三免三减半"优惠。

（2）垃圾处理

① 年处理量。年运行天数 330 日，年处理生活垃圾 33 万吨。

② 进厂垃圾。进厂厨余垃圾含固率 20%。

③ 制沼发电。固料转换成沼气的转换率为 50%，吨垃圾发电量 210kW·h/t。

④ 三废。污水处理量为 120% 进厂厨余垃圾量，残渣（压榨干渣、沼渣、污水处理厂污泥等）为 29% 进厂厨余垃圾量（残渣的平均含水率约 65%）。

⑤ 厂用电率 10%。

（3）处理单价测算

在上述建设营运、融资、税收等假设条件下，厨余垃圾制沼发电的成本和收入明细见表 2-3。从表 2-3 可见，厨余垃圾制沼发电的处理单价可控制在 130 元/t 以内，即使贷款年利率为 6%，处理单价也可控制在 170 元/t 以内。影响处理单价的主要因素是发电收入、三废噪声治理费、运行维护费和折旧，其次是贷款成本、资本收益和利润。

表 2-3　厨余垃圾制沼发电成本和收入明细

序号	项目		参数		
			第 3～17 年	第 18～27 年	第 28～30 年
1	营运年份				
2	成本	吨建设投资折旧/（元/t）	31.53～63.03	13.34～26.67	0.00

序号	项目		参数		
3	成本	吨贷款成本/（元/t）	16.02～32.02	8.60～17.20	0.00
4		吨设施运行维护费/（元/t）	40.00	40.00	40.00
5		吨三废噪声治理费/（元/t）	93.00	93.00	93.00
6		投入合计/（元/t）	180.55～228.05	154.94～176.87	133.00
7		资本收益/（元/t）	14.44～18.24	12.40～14.15	10.64
8	成本合计（投入+收益）/（元/t）		194.99～246.29	167.34～191.02	143.64
9	收入	税后吨上网收入/（元/t）	122.85	122.85	122.85
10		上网补贴/（元/t）	52.92	52.92	52.92
11	利润	吨垃圾利润/（元/t）	9.83	9.83	9.83
12	垃圾处理单价（成本-收入）/（元/t）		81.97～133.27	54.32～78.00	30.62

注：1000t/d 厨余垃圾（20%含固率）制沼发电设施：年运行天数 330d，年处理生活垃圾 33 万吨，吨垃圾发电量 210kW·h/t，年利率 4.5%。

（4）降低处理单价的途径

降低处理单价是厨余垃圾资源化利用可持续发展的关键。改变融资条件（年利率、贷款期限）、工艺技术（贷款用途、吨设施运行维护费）、三废噪声治理条件和转换率（吨垃圾发电量、三废产量），可以给出降低处理单价的主要途径。根据处理单价降低幅度由小至大排序，降低厨余垃圾制沼发电的主要途径依次是优化融资方案、缩短工艺流程（优化工艺流程）、降低三废治理费用和提高转换率。

贷款年利率和贷款期限影响贷款成本，从而影响处理单价；因工艺选择影响设备投资与建筑工程投资的占比，因而影响贷款的使用分配，而在设备投资与建筑工程投资的贷款期限不相同时，贷款的使用分配影响贷款成本（贷款利息），从而影响处理单价和处理费，这说明，优化融资方案时有必要结合处理工艺。

工艺流程越短，处理单价和处理费都越低，建设时必须慎重选择处理工艺技术。工艺流程越短，说明：a.总的建设投资将越小；b.运行维护费用，甚至三废噪声治理费用将越低；c.设备投资占比或建筑工程投资占比未必变化，流程短可能降低设备投资，但同时也可能降低建筑工程投资，即使缩短工艺流程导致设备投资占比减小，导致支付的总处理费增多（利息增额），但总投资减小和运行费用降低引起的处理费降低更加明显。

废水、残渣和臭气的治理费占处理费比重较大，厨余垃圾资源化利用要想方设法降低三废的治理费用，具体方法有：a. 残渣资源化利用，如与其他有机垃圾联合堆肥、堆放干化后做成衍生燃料或进入生物质资源电厂等，可减少 0～30 元/t 的残渣处理成本；b. 减少污水处理量，厨余垃圾湿式厌氧发酵制沼发电应双措并举，一是将酵料的含固率提高到 10%左右，二是开发应用沼液回用制浆技术，不仅减少污水处理量，同时还减少大量的制浆所需的外加水，可减少 0～20 元/t 的残渣处理成本。此外，针对沼液的低碳氮比、高含量纤维等特殊性，开发简单高效的沼液处理技术（包括浓缩液处理技术）。

提高固料转换为沼气的转换率，提高沼气产量和吨垃圾发电量，从而增大发电收入，同时，减少残渣量，降低三废治理费，如将转换率从 50%提高到 60%，垃圾发电量便可从 210kW·h/t 提高到 250kW·h/t 以上，残渣从 29%减少到 23%，发电收入便从 122.85 元/t 提高到 146.25 元/t，残渣处理费从 30 元/t 减少到 24 元/t，意味着处理费降低 29.40 元/t，效益非常可观。

在绿色发展低碳生活时代背景下，厨余垃圾资源化利用应引入减碳约束。在减碳约束下，厨余垃圾资源化利用应优先物质利用，尽量减少能量利用；无论是物质利用还是能量利用都应采用先进的利用方法、工艺技术和设备，务必节能、节水、减排和增效。具体讲，要简化工艺流程、提高厨余垃圾固料的资源转化率、提高设备运行效率、丰富产品种类、提高产品附加值、减少三废治理成本和运行维护成本，防范与消除系统复杂、流程长、运行参数欠佳、设备材料采购价格高和产品单一及附加值低等不足，降低厨余垃圾资源化利用的处理单价。

第 3 章
《固废法》解读

垃圾治理既要自治、德治，亦要法治，要依靠法律的力量，教育、指引和强制治理主体妥善治理垃圾。垃圾治理行业的综合性法律是《中华人民共和国固体废物污染环境防治法》（简称《固废法》），重点在于明确治理主体及其责任、义务和权利，明确垃圾治理的原则、制度和方法。

3.1 《固废法》的演变

3.1.1 二次修订三次修正

《固废法》于 1995 年制定（自 1996 年 4 月 1 日施行），之后做了 2 次修订和 3 次修正，见图 3-1。第一次修订于 2004 年（自 2005 年 4 月 1 日施行），第二次修订于 2020 年（自 2020 年 9 月 1 日施行）。3 次修正分别于 2013 年、2015 年和 2016 年进行，都是针对 2004 年版本的修正。

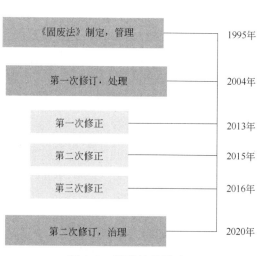

图 3-1　固废法的演变

垃圾治理之道：方法探索·案例解析

3.1.2　从管理到处理再上升到治理

1995 年制定《固废法》是为了加强固体废物污染环境的管理。1995 年版《固废法》是部"固体废物污染环境管理法",语境是"任何单位和个人应当遵守城市人民政府环境卫生行政主管部门的规定,在指定的地点倾倒……"

2004 年第一次修订是为了加强固体废物的处理处置,促进清洁生产、循环经济和固体废物处理产业发展。第一次修订明确了"污染者承担污染防治责任"原则,确立了"固体废物强制回收""控制过度包装"以及"固体废物污染损害举证责任倒置"等一系列法律制度。2004 年版《固废法》进化为"固体废物处理法",语境是"城市生活垃圾应当按照环境卫生行政主管部门的规定,在指定的地点放置……"

党的十八大以来,以习近平同志为核心的党中央高度重视生态文明建设和生态环境保护工作,习近平总书记多次就固体废物污染环境防治工作做出重要指示,亲自部署生活垃圾分类、禁止洋垃圾入境等工作,促使 2013～2016 年间 3 次对《固废法》进行修正。虽经 3 次修正仍不能满足形势发展的需要,2018 年 6 月 24 日发布的《中共中央国务院关于全面加强生态环境保护　坚决打好污染防治攻坚战的意见》提出要求,加快修改固体废物污染防治方面的法律法规。

此背景下进行了第二次修订,目的是为了推动固体废物治理主体良性互动,促进绿色发展、低碳生活、生态文明建设、固体废物妥善治理和依法打好污染防治攻坚战。2020 年版《固废法》是一部"固体废物治理法",语境是政府和社会共商固体废物妥善处理事宜:"县级以上地方人民政府应当……""产生生活垃圾的单位、家庭和个人应当……""清扫、收集、运输、处理城乡生活垃圾,应当……"。

3.1.3　寓固体废物污染环境防治于固体废物妥善处理和妥善治理

《固废法》经历了从"管理法"到"处理法"再到"治理法"的演变,规范、指导、顺应了固体废物处理从固体废物污染环境防治的管理到固体废物妥善处理,再到妥善治理的发展历程。这种演变的动力和目的就是为了极大化固体废物处理的生态、环境、资源、社会、经济等方面的综合效益,同时,也说明一个道理,防治固体废物污染环境的根本途径在于固体废物的妥善处理和妥善治理,应寓固体废物污染环境防治于固体废物妥善处理和妥善治理。

3.2 第二次修订的主要修改

《固废法》2020 年第二次修订是健全最严格、最严密生态环境保护法律制度和强化公共卫生法治保障的重要举措，改动很大。核心是完善固体废物污染环境防治的长效机制，如明确固体废物污染环境防治坚持"减量化、资源化、无害化"原则，进一步强化政府及其管理部门的监督管理责任，强化工业固废污染环境防治制度，明确国家推行生活垃圾分类制度，并确立生活垃圾分类的原则，回应人民群众对妥善处理与人民群众生活息息相关的固体废物（这些固体废物包括城乡生活垃圾、农业垃圾、建筑垃圾、电器电子、铅蓄电池、车用动力电池、包装垃圾、城镇污水处理厂污泥、医疗废物）的期待等。

3.2.1 条款大幅增加

《固废法》条目从 2004 年版本的 91 条增加到 2020 年的 126 条，增加约 38%。其中，新增 45 条，拆分 2 条，删除 9 条，合并 3 条；新增和拆分条目主要集中在总则（4 条）、监督管理（3 条）、生活垃圾（8 条）、建筑垃圾（3 条）、保障措施（8 条）和法律责任（7 条）。详细修改见表 3-1。

表 3-1 《固废法》历次版本条数变化

序号	项目	1995 年版条数/条	2004 年版条数/条	2020 年版条数/条	2020 年版变化（对照 2004 年版）			
					新增	拆分	删除	合并
1	总条数	77	91	126	45	2	9	3
2	总则	9	9	12	2	2		1
3	监督管理	16	13	19	3		1	
4	工业固废	9	10	11	1			
5	生活垃圾	7	11	17	8		2	
6	建筑垃圾	0	1	4	3			
7	农业固废	0	2	2	1			1
8	电器电子、铅蓄电池、车用动力电池	0	1	2	1			
9	包装垃圾	0	1	1				

序号	项目	1995 年版 条数/条	2004 年版 条数/条	2020 年版 条数/条	2020 年版变化（对照 2004 年版）			
					新增	拆分	删除	合并
10	一次性塑料制品	0	0	1	1			
11	旅游、住宿等行业一次性用品	0	0	1	1			
12	城镇污水处理厂污泥	0	0	2	2			
13	实验室固废	0	0	1	1			
14	危险废物	17	17	18	2		1	
15	保障措施	0	1	9	8			
16	法律责任	15	21	23	7		4	1
17	附则	4	3	3				

值得注意的是，除新增条目外，还在 2004 版本的原有条目下增加了很多款。

这次修订新增了"保障措施"专章，大幅度修改了总则、监督管理和法律责任，这些修改适用于约束任何种类的固体废物的治理。这意味着无论对哪一类固体废物治理，这次修订都有较大而深刻的影响，对生活垃圾和建筑垃圾治理的影响更是如此。

对生活垃圾和建筑垃圾治理而言，不仅要适应一般性项目的修改，还要适应其本身规定的大幅度修改。生活垃圾治理的规定由 11 条增至 17 条，且这 17 条中的 16 条几乎都是新要求（除 2020 年版本的第五十一条规定公交运输经营单位的责任未做修改外，2004 年版本的有关生活垃圾的其余 10 条规定全部做了大幅度修改），建筑垃圾治理的规定由 2004 年版本的 1 条增至 4 条。

3.2.2　规定大幅增多或修改

条款大幅增加意味规定大幅增多或修改。这次修订着眼于完善固体废物治理长效机制，保留了 2004 年版《固废法》的"统筹管理，统一监督""污染者担责"两原则和"建设项目的配套建设的固体废物污染环境防治设施'三同时'制度""强制回收目录中产品和包装物的强制回收制度"等制度，新增原则、制度等长效机制（新亮点）众多，并强调了固体废物综合利用，细化了主体责任，突出了保障措施，严格了法律责任和扩大了固废种类。

（1）完善长效机制（新亮点）

① 国家倡导简约适度、绿色低碳的生活方式，引导公众积极参与固体废物污染环境防治（第三条）。

② 固体废物污染环境防治坚持减量化、资源化和无害化原则（第四条）。

③ 完善生活垃圾治理制度：国家推行生活垃圾分类制度。生活垃圾分类坚持政府推动、全民参与、城乡统筹、因地制宜、简便易行的原则（第六条）；产生生活垃圾的单位、家庭和个人应当承担生活垃圾产生者责任（第四十九条）；生活垃圾处理（利用、处置）应当符合固体废物综合利用、环境保护和环境卫生标准（第五十四条，第五十五条）；生活垃圾处理单位应当安装使用监测设备，实时监测污染物的排放情况，将污染排放数据实时公开（第五十六条）；县级以上地方人民政府应当按照产生者付费和差别化管理原则，建立生活垃圾处理收费制度（第五十八条）。

④ 国家实行固体废物污染环境防治目标的目标责任制和考核评价制度，并纳入考核评价（第七条）。

⑤ 省、自治区、直辖市之间可以协商建立跨行政区域固体废物污染环境的联防联控机制（第八条）。

⑥ 表彰、奖励在固体废物污染环境防治工作及相关的综合利用中做出显著成绩的单位和个人（第十二条）。

⑦ 国务院标准化主管部门制定固体废物综合利用标准（第十五条）。

⑧ 取消建设项目配套建设的固体废物污染环境防治设施必须通过环保验收后方可使用（环保验收许可）的规定，改由建设单位对配套建设的固体废物污染环境防治设施进行验收（第十八条）。

⑨ 完善危险废物污染环境防治制度：建立全国危险废物等固体废物污染环境防治信息平台，推进固体废物收集、转移、处置等全过程监控和信息化追溯（第十六条）；危险废物转移管理应当全程管控、提高效率（第八十二条）；收集、贮存、运输、利用、处置危险废物的单位，应当投保环境污染责任保险（第九十九条）；重大传染病疫情等突发事件发生时，县级以上人民政府应当统筹协调医疗废物等危险废物收集、贮存、运输、处置等工作（第九十一条）。

⑩ 国家逐步实现固体废物零进口（第二十四条）。

⑪ 建立产生、收集、贮存、运输、利用、处置固体废物的单位和其他生产经营者信用记录制度（第二十八条）。

⑫ 实行信息公开制度：设区的市级人民政府生态环境主管部门应当会同

住房城乡建设、农业农村、卫生健康等主管部门，定期向社会发布固体废物的种类、产生量、处置能力、利用处置状况等信息（第二十九条）；产生、收集、贮存、运输、利用、处置固体废物的单位，应当依法及时公开固体废物污染环境防治信息，主动接受社会监督；利用、处置固体废物的单位，应当依法向公众开放设施、场所（第二十九条）。

⑬ 实行年度报告制度：县级以上人民政府应当将工业固体废物、生活垃圾、危险废物等固体废物污染环境防治情况纳入环境状况和环境保护目标完成情况年度报告，向本级人民代表大会或者人民代表大会常务委员会报告（第三十条）。

⑭ 实行有奖举报制度：任何单位和个人都有权对造成固体废物污染环境的单位和个人进行举报；对实名举报并查证属实的，给予奖励（第三十一条）。

⑮ 完善工业固废污染环境防治制度：组织开展工业固体废物资源综合利用评价（第三十四条）；建立工业固体废物管理台账（第三十六条）（台账记录种类、数量、流向、贮存、利用、处置等信息，记录的信息要实现工业固体废物可追溯、可查询）；新增工业固废委托处理的双方责任规定（第三十七条）（工业固废产生者应对受托方进行审查，受托方应按合同处理工业固废，并将处理情况告知产生者）；实行工业固体废物排污许可证制度（第三十九条）（取代原工业固废申报登记制度）。

⑯ 完善建筑垃圾治理制度：建立建筑垃圾分类处理制度（第六十条）和建筑垃圾全过程管理制度（第六十二条）；工程施工单位应当编制建筑垃圾处理方案，采取污染防治措施，并报县级以上地方人民政府环境卫生主管部门备案（第六十三条）。

⑰ 明确国家建立电器电子、铅蓄电池、车用动力电池等产品的生产者责任延伸制度（第六十六条）；国家对废弃电器电子产品实行多渠道回收和集中处理制度（第六十七条）；

⑱ 明确污泥处理、实验室固体废物管理等基本要求。

⑲ 增加保障措施专章（第七章，第九十二条至第一百条）。

⑳ 实施严格法律责任（明确查封扣押制度、按日计罚制度和双罚制度）。

（2）强调综合利用

这次修订明确了固体废物污染环境防治坚持减量化、资源化和无害化原则，多达 15 次地强调固体废物的综合利用。2020 年版《固废法》要求制定固体废物综合利用标准（第十五条），鼓励研究开发固体废物综合利用、集中处置等的新技术（第九十四条），鼓励单位和个人购买、使用综合利用产品和可重复使用产品（第一百条），加强固体废物的综合利用。

对于工业固废，要求产生工业固体废物的单位提供促进综合利用的具体措施（第三十九条），要求国务院相关部门定期发布工业固体废物综合利用技术、工艺、设备和产品导向目录，组织开展工业固体废物资源综合利用评价，推动工业固体废物综合利用（第三十四条）。

对于生活垃圾和建筑垃圾，要求政府加快建立生活垃圾分类管理系统（第四十三条），要求政府有关部门统筹规划，合理安排回收、分拣、打包网点，促进生活垃圾的回收利用工作（第四十五条），加强生活垃圾分类收运体系和再生资源回收体系的融合（第五十三条第二款），开展厨余垃圾资源化、无害化处理工作（第五十七条），提高生活垃圾的综合利用水平。要求建立建筑垃圾回收利用体系，推动建筑垃圾综合利用产品应用，推进建筑垃圾的综合利用（第六十一条）。

对废弃电器电子产品和包装物，国家对废弃电器电子产品实行多渠道回收和集中处理制度（第六十七条），强制生产企业回收利用列入强制回收目录的产品和包装物（第六十八条）。

（3）细化主体责任

这次修订进一步细化和压实了政府、产生者、处理者的责任和其他间接相关的各类主体的责任。强调"任何单位和个人都应当采取措施，减少固体废物的产生量，促进固体废物的综合利用，降低固体废物的危害性"（第四条第二款），明确"国家倡导简约适度、绿色低碳的生活方式，引导公众积极参与固体废物污染环境防治"（第三条第二款），要求"产生、收集、贮存、运输、利用、处置固体废物的单位和个人，应当采取措施，防止或者减少固体废物对环境的污染，对所造成的环境污染依法承担责任"（第五条第二款），尤其是强化政府及其有关部门的监督管理责任，明确实行目标责任制、考核评价制、信用记录、联防联控、全过程监控和信息化追溯等制度。监督管理的修改和保障措施的增加主要是为了强化政府责任。

这次修订明确"地方各级人民政府对本行政区域固体废物污染环境防治负责。国家实行固体废物污染环境防治目标责任制和考核评价制度，将固体废物污染环境防治目标完成情况纳入考核评价的内容"（第七条）。这条明确了各级政府属地负责制，各级政府都有责任管好属地的固体废物，而且通过目标责任制和考核评价制度压实了各级政府的责任。将防治目标完成情况纳入考核评价内容（衡量量化目标完成情况是前提），这是一种强硬有效的手段和抓手。

此外，2020年版《固废法》新增第十一条，明确间接相关主体的责任："国家机关、社会团体、企业事业单位、基层群众性自治组织和新闻媒体应当加强固体废物污染环境防治宣传教育和科学普及，增强公众固体废物污染环境防治意识。学校应当开展生活垃圾分类以及其他固体废物污染环境防治知识普及和教育。"

（4）突出保障措施

这次修订增加了"保障措施"专章，共9条12款，从土地供应、设施建设、经济技术政策和措施、从业人员培训和指导、产业专业化和规模化发展、污染防治技术进步、政府资金安排、环境污染责任保险、社会力量参与、税收优惠等方面全方位保障固体废物污染环境防治工作。

（5）严格法律责任

这次修订是健全最严格、最严密生态环境保护法律制度的重要举措，严格法律责任理所当然。对违法行为实行严惩重罚，增加拘留和查封扣押2种行政强制措施，增加按日计罚、双罚等行政强制执行措施，增加处罚种类，强化处罚到人，同时补充规定一些违法行为的法律责任，明确查封扣押制度、按日计罚制度和双罚制度。

这次修订明确了法定代表人、主要负责人、直接负责的主管人员和其他责任人员将被移送公安机关予以拘留的6项违法行为：a. 擅自倾倒、堆放、丢弃、遗撒固体废物，造成严重后果的；b. 在生态保护红线区域、永久基本农田集中区域和其他需要特别保护的区域内，建设工业固体废物、危险废物集中贮存、利用、处置的设施、场所和生活垃圾填埋场的；c. 将危险废物提供或者委托给无许可证的单位或者其他生产经营者堆放、利用、处置的；d. 无许可证或者未按照许可证规定从事收集、贮存、利用、处置危险废物经营活动的；e. 未经批准擅自转移危险废物的；f. 未采取防范措施，造成危险废物扬散、流失、渗漏或者其他严重后果的。

对可能造成证据灭失、被隐匿或者非法转移或造成、可能造成严重环境污染的违法收集、贮存、运输、利用、处置的固体废物及设施、设备、场所、工具、物品将予以查封、扣押（第二十七条）。

受到罚款处罚，被责令改正，仍继续实施该违法行为的，实行依照《中华人民共和国环境保护法》的规定按日连续处罚（第一百一十九条）。

对违法行为实行双罚制度，即不仅对违法单位处以罚款，还要对单位的负责人员处以罚款（第一百零三条、第一百零八条、第一百一十四条、第一百一十八条)。2020 年版《固废法》第一百一十四条、第一百一十八条明确对法定代表人、主要负责人处以罚款，之前出台的生态环境法律中的双罚制都是对直接负责的主管人员和其他责任人员处以罚款。

这次修订大幅度提高了罚款金额。对生活垃圾治理违法行为，单位罚款下限从原来的 5000 元提高到 5 万元，上限则从原来的 10 万元提高到 100 万元，个人罚款从原来的 200 元以下提高到 500 元以下。对危险废物经营违法行为的处罚更重，对于无许可证从事收集、贮存、利用、处置危险废物经营活动的，处 100 万～500 万元的罚款，对其法定代表人、主要负责人、直接负责的主管人员和其他责任人员，处 10 万～100 万元的罚款（第一百一十四条）。

（6）扩大固废种类

这次修订顺应经济社会发展，回应人民群众期待，实现城乡生活垃圾统筹（消除了"城市生活垃圾"法律术语），增加城镇污水处理厂污泥、电商包装垃圾、秸秆、农药包装垃圾、实验室固废等固体废物治理的基本要求，明确国家建立电器电子、铅蓄电池、车用动力电池等产品的生产者责任延伸制度。

3.3　有序推进生活垃圾分类

《固废法》（2020 年第二次修订）对生活垃圾治理提出了"国家推行生活垃圾分类制度""分类垃圾分类处理""提高生活垃圾的综合利用和无害化处置水平"的生活垃圾治理路线，并就如何"推行"和"实施"生活垃圾分类提出了具体的原则、制度和要求。政府、生活垃圾产生者、生活垃圾处理者和其他相关主体应坚持原则、用好制度、依法而为和协商共治，有序推进生活垃圾分类制度有效覆盖。

3.3.1　坚持原则

《固废法》（2020 年第二次修订）对生活垃圾治理提出了 6 大原则：
① 国家推行生活垃圾分类制度（第六条第一款，新增）。
② 减量化，资源化，无害化（第四条，新增）。
③ 政府推动，全民参与，城乡统筹，因地制宜，简便易行（第六条第二款，新增）。
④ 统筹管理，统一监督。

⑤ 产生者负责（第四十九条和第五十八条，新增）。

⑥ 污染者担责（第五条）。

"国家推行生活垃圾分类制度"是生活垃圾治理的一切活动都必须坚持的基本原则，而其他原则是指导"推行"和"实施"生活垃圾分类处理的原则。

生活垃圾治理应树立牢固的生活垃圾分类信念和信心，建立健全"推行"和"实施"生活垃圾分类的管理体系、运行体系、监管体系、评价体系和保障体系，毫不动摇地普遍推行生活垃圾分类制度，让"分类"贯彻落实到生活垃圾投放、收集、运输和处理的各个环节。

生活垃圾治理应统筹城乡，统筹规划，统筹资源配置，统一组织，统一领导，统一规范，统一监督，统一考评，强化目标、项目和资源的监督管理，让生活垃圾治理简单高效、有序和谐。重点落实"政府推动，全民参与，城乡统筹，因地制宜，简便易行"原则和"减量化，资源化，无害化"原则，尤其是"城乡统筹""因地制宜""简便易行"和"资源化"原则；协调统一政府、生活垃圾产生者、生活垃圾处理者及其他相关的单位、群众自治组织和个人的行为；统筹生活垃圾分类的"分类投放、分类收集、分类运输，分类处理"环节；统一规划生活垃圾收运体系和回收利用体系；提高生活垃圾的综合利用和无害化处置水平。

生活垃圾治理应坚持"产生者负责"和"污染者担责"原则，以此约束、规范生活垃圾产生者和处理者的行为，实现生活垃圾源头分类有效覆盖和生活垃圾无害化处理，维持良好的社区环境卫生，综合利用资源，保护生态环境，维护生产生活秩序，强化社区自治和社会自治。生活垃圾产生者依法履行生活垃圾源头减量和分类投放义务，依法付费。任何单位和个人都应当依法在指定的地点分类投放生活垃圾（定点投放）。生活垃圾的产生者和处理者应当采取措施，防止或者减少生活垃圾对环境的污染，对所造成的环境污染依法承担责任。

3.3.2 用好制度

《固废法》（2020年第二次修订）对生活垃圾治理提出了12项制度：

① 公众参与制度（第三条第二款，第十一条，第二十九条第二、第三款，第四十三条第三款，第五十八条第二款）。

②（政府及其部门）目标责任制和考核评价制度（第七条，新增）。

③（政府）年度报告制度（第三十条，新增）。

④（政府、处理者）信息公开制度（第二十九条，新增）。

⑤（产生者、处理者）信用记录制度（第二十八条，新增）。

⑥ 奖励先进制度（第十二条，新增）。

⑦ 有奖举报制度（第三十一条）。

⑧ 查封扣押、按日计罚和双罚制度。

⑨ 生活垃圾处理收费制度（第五十八条）。

⑩ 生活垃圾处理（收集、利用和处置）设施、场所符合固体废物综合利用、环境保护和环境卫生标准制度（第十五条，第十七条，第五十四条，第五十五条，新增"利用标准"）。

⑪（建设项目、农贸市场、农产品批发市场等配套建设的生活垃圾收集、处理设施）"三同时"制度（第十八条）。

⑫ 厨余垃圾处理资质许可制度（第五十七条，新增）。

政府及生活垃圾主管部门应建立健全并用好目标责任制、考核评价制度、年度报告制度和信息公开制度，细化和压实政府责任与目标，督促政府加强管理与监督，提高政府效率。

政府及生活垃圾主管部门应建立健全并用好信用记录制度、奖励先进制度、有奖举报制度、查封扣押、按日计罚和双罚制度及生活垃圾处理收费制度，引导公众有效参与，尤其要研究、完善、用好生活垃圾处理收费制度和有奖举报制度，激励生活垃圾源头减量与分类投放，促进生活垃圾妥善处理。

生活垃圾治理应善用行政强制和经济激励手段，促进政府、产生者、处理者和其他相关主体之间良性互动，实现生活垃圾妥善处理和妥善治理。

3.3.3　依法而为

（1）地方政府

政府应依法将生活垃圾治理纳入国民经济和社会发展规划、生态环境保护规划，并采取有效措施减少生活垃圾产生量、促进生活垃圾综合利用、降低生活垃圾的危害性，最大限度降低生活垃圾填埋量（第十三条）。

政府应依法保障生活垃圾转运、集中处置等设施用地（第九十二条），安排生活垃圾分类、集中处置设施建设等资金（第九十五条）。

政府应依法建立生活垃圾分类管理系统，建立生活垃圾分类工作协调机制，加强和统筹生活垃圾分类管理能力建设（第四十三条）。

政府应依法按照产生者付费和差别化管理原则，建立生活垃圾处理收费制度，并专款专用。

政府应依法统筹城乡生活垃圾处理设施、场所建设，确定厂（场）址（第四十五条第一款）；合理安排回收、分拣、打包网点（第四十五条第二款）；统筹生活垃圾公共转运、处理设施与建设项目配套建设的生活垃圾收集设施的有效衔接，加强生活垃圾分类收运体系和再生资源回收体系的融合（第五十三条第二款）；提高生活垃圾的综合利用和无害化处置水平，逐步建立和完善生活垃圾污染环境防治的社会服务体系（第四十五条）。

政府应组织开展生活垃圾分类宣传，教育引导公众养成生活垃圾分类习惯，督促和指导生活垃圾分类工作。

政府应依法公开信息、奖励先进和举报，将目标完成情况纳入考核评价内容和年度报告，并向本级人大报告。

（2）生活垃圾主管部门

生活垃圾主管部门应依法组织对城乡生活垃圾进行清扫、收集、运输和处理，可以通过招投标方式选择服务单位（第四十八条）。

生活垃圾主管部门应依法制定生活垃圾清扫、收集、贮存、运输和处理设施、场所建设运行规范，发布生活垃圾分类指导目录，加强监督管理（第四十七条）。

生活垃圾主管部门应依法将已经分类的生活垃圾分类收集、分类运输和分类处理（第四十九条第四款）。

生活垃圾主管部门应依法组织开展厨余垃圾资源化、无害化处理工作。

生活垃圾主管部门应依法会商所在地生态环境主管部门，核准生活垃圾处理设施、场所的关闭、闲置或者拆除。

生活垃圾主管部门应依法配合生态环境主管部门，建立生活垃圾产生者、处理者的信用记录，定期向社会发布生活垃圾的产生量、处置能力、分类、利用和处置情况等信息。

（3）生活垃圾产生者

生活垃圾产生者应依法履行源头减量和分类义务。任何单位和个人都应依法在指定的地点分类投放生活垃圾，否则，将受到处罚。机关、事业单位应依法在生活垃圾分类工作中起示范带头作用（第四十九条）。

农贸市场、农产品批发市场等应依法加强环境卫生管理，保持环境卫生清洁，对所产生的垃圾及时清扫、分类收集、妥善处理（第五十二条）。

建设单位和公共设施、场所的经营单位，应依法配套建设生活垃圾收集设施（第五十三条）。

从事公共交通运输的经营单位应依法及时清扫、收集运输过程中产生的生活垃圾（第五十一条）。

产生、收集厨余垃圾的单位和其他生产经营者应依法将厨余垃圾交由具备相应资质的单位进行无害化处理。

（4）生活垃圾处理者

建设生活垃圾处理设施、场所应依法进行环境影响评价，并遵守综合利用、环境保护和环境卫生管理等规定（第十七条，第十五条）。

生活垃圾处理者应依法安装、使用监测设备，实时监测污染物的排放情况，将污染排放数据实时公开，并将监测设备与所在地生态环境主管部门的监控设备联网（第五十六条）。

生活垃圾处理者应依法加强对相关设施、设备和场所的管理和维护，保证其正常运行和使用（第十九条）

生活垃圾处理者应依法采取防扬散、防流失、防渗漏或者其他防止污染环境的措施，不得擅自倾倒、堆放、丢弃、遗撒固体废物（第二十条）。

任何单位和个人都必须依法而为，尤其要敬畏5个禁止，否则，将遭到法律制裁。

① 禁止随意倾倒、抛撒、堆放或者焚烧生活垃圾（第四十九条第二款）。

② 禁止在生态保护红线区域、永久基本农田集中区域和其他需要特别保护的区域内，建设生活垃圾填埋场（第二十一条）。

③ 禁止擅自关闭、闲置或者拆除生活垃圾处理设施、场所（第五十五条第三款）。

④ 禁止畜禽养殖场、养殖小区利用未经无害化处理的厨余垃圾饲喂畜禽（第五十七条第三款）。

⑤ 禁止任何单位和个人向江河、湖泊、运河、渠道、水库及其最高水位线以下的滩地和岸坡以及法律规定的其他地点倾倒、堆放、贮存固体废物（第二十条第二款）。

3.3.4 协商共治

政府主管部门之间、政府与社会之间、生活垃圾产生者与处理者之间和社会各利益群体之间应加强协商，明细《固废法》分工与法律责任，促进彼此间良性互动。

生活垃圾主管部门应与法制部门、生态环境部门和资源回收利用部门（组织）等协商，明确各自的职责权。主要是明确以下几点。

① 第二十六、第二十七、第一百零三条使用"生态环境主管部门和其他负有固体废物污染环境防治监管职责的部门"去承担现场检查、查封扣押和处罚等事项，生态环境部和生活垃圾主管部门的各自职责、职权是什么？如何避免环境污染事故的重复处罚？（第九条第二款规定："地方人民政府生态环境主管部门对本行政区域固体废物污染环境防治工作实施统一监督管理。地方人民政府发展改革、工业和信息化、自然资源、住房城乡建设、交通运输、农业农村、商务、卫生健康等主管部门在各自职责范围内负责固体废物污染环境的监督管理工作。"）

② 厨余垃圾处理资质由生态环境主管部门还是生活垃圾主管部门认定？

③ 2020 年版《固废法》明确将生活垃圾"利用"与"处置（焚烧处理和填埋处置）"分别对待，生活垃圾主管部门是否要统筹生活垃圾综合利用设施、场所的规划、建设、运营？

④ 地方政府委托生活垃圾主管部门还是再生资源回收利用部门（组织）牵头生活垃圾分类收运体系与再生资源回收利用体系的融合，或各搞各的规划、建设、运营？

生活垃圾主管部门应与社会深度协商，在以下问题上应取得社会广泛认可：

① 生活垃圾源头分类如何做到因地制宜、简便易行？现行分类方法及分类标准是否需要调整？

② 需要建设怎样的生活垃圾分类处理体系和分类处理能力？是否把生活垃圾综合利用视作垃圾处理方式并给予优惠政策？

③ 生活垃圾处理如何定价？垃圾排放费征收标准如何确定？

④ 在监督生活垃圾排放方面是否需要建立有奖举报制度？

3.3.5 生活垃圾治理需要加强的方面

（1）推行垃圾分类，加强源头需求侧管理

"第六条 国家推行生活垃圾分类制度。生活垃圾分类坚持政府推动、全民参与、城乡统筹、因地制宜、简便易行的原则。"

这次以国家法律明确推行垃圾分类，有利于形成推行垃圾分类的全国一盘棋局面。以往推行垃圾分类，缺少强有力的法律保障。尽管广州市、上海市等出台了地方法规，但位阶低，对推行垃圾分类的约束力较小，更难在行政区划外发挥效力，难以形成全国一盘棋的局面，对规范流动人员实施垃圾分类很不力。

《固废法》明确了垃圾分类原则，尤其是明确了"因地制宜，简单易行"原则，这很重要。国家这么大，经济社会发展差异大，风俗习惯更是异彩纷呈，全国不可能一个分类标准、一种分类方法一刀切。再者，中华传统文化崇尚"大道至简"，中国人喜欢省事、省心、"简便易行"；这次抗疫期间，居民从简、从便、从快分类，说明推行垃圾分类必须坚持"简单易行"原则，相信这次抗疫期间来自于民的分类方法，才是能持续坚持的基本方法。

（2）补齐物质利用短板，加强垃圾处理体系建设

"第四十五条　县级以上人民政府应当统筹安排建设城乡生活垃圾收集、运输、处理设施，确定设施厂址，提高生活垃圾的综合利用和无害化处置水平……统筹规划，合理安排回收、分拣、打包网点，促进生活垃圾的回收利用工作。"

"第五十三条　……县级以上地方人民政府应当……并加强生活垃圾分类收运体系和再生资源回收体系在规划、建设、运营等方面的融合。"

2000 年以来，尤其是 2009 年"番禺风波"以来，在"烧与不烧"争论中，焚烧处理设施建设取代处理体系建设，以偏概全，致使垃圾回收利用受到很大侵蚀，垃圾处理体系短板效应十分突出，后果是垃圾得不到妥善处理。

这次修订的《固废法》明确要求统筹规划，促进垃圾的回收利用，提高垃圾的综合利用水平，是补齐垃圾的物质利用短板、加强垃圾处理体系建设的及时雨。

回望农业经济时代，借助以近乎自然式的土地回用和家禽食用（饲料化）等处理方法为标志的"生态自然处理体系"，垃圾得到了妥善处理。

展望工业经济时代，垃圾量剧增，垃圾组成多样，生态自然处理体系无从应对，将需要构建以规模化、集约化、工业化的处理方法为标志的"生态工业处理体系"，方可妥善处理量大质异的垃圾。

值得强调的是，要突出处理体系建设的紧迫性和重要性，用处理体系统御处理方法。推行垃圾分类的目的就是要建设分类投放、分类收集、分类运输、分类处理的垃圾分类处理体系，建设以法治为基础，融合自治、法治、德治的垃圾治理体系。

（3）建立供求均衡价格，善用价格杠杆优化垃圾处理体系

"第五十八条　县级以上地方人民政府应当按照产生者付费原则，建立生活垃圾处理收费制度……制定生活垃圾处理收费标准，应当根据本地实际，

结合生活垃圾分类情况，体现分类计价、计量收费等差别化管理，并充分征求公众意见。生活垃圾处理收费标准应当向社会公布。"

这里的"垃圾处理收费制度"应包含3方面：一是如何确定垃圾处理服务的成本与收益（净成本）；二是如何向垃圾排放者收取垃圾排放费；三是如何取得垃圾处理供求均衡价格。

目前，垃圾处理供求双方实际上被政府分割开来，垃圾处理者与垃圾排放者不发生直接关系，垃圾处理费主要由财政支付，价格完全不是供求均衡价格。生活垃圾治理行业急需建立健全行业定价法，出台基于垃圾处理服务净成本和行业可持续发展的供求均衡价格。

此次修订的《固废法》明确"产生者付费原则"，要求建立垃圾处理费制度，希望能够促进垃圾处理均衡价格的形成机制的建立，并借此优化垃圾处理体系，建成"多措并举，综合处理"的垃圾分级处理体系。

"分级处理体系"体现先物质利用、再能量利用和最后填埋处置的"分级处理"层次，而且充分发挥各种处理方法的作用，既不压制任何一种处理方法，也不以损失一种处理方法的收益为代价去增大另一种处理方法的收益。

（4）推动全社会良性互动，加强垃圾治理体系建设

"第四十五条 县级以上人民政府应当……促进生活垃圾收集、处理的产业化发展，逐步建立和完善生活垃圾污染环境防治的社会服务体系。"

"第四十九条 产生生活垃圾的单位、家庭和个人应当依法履行生活垃圾源头减量和分类投放义务，承担生活垃圾产生者责任。"

此次修订的《固废法》进一步明确了政府、单位、家庭和个人的责任，在第十一条还明确了国家机关、社会团体、企业事业单位、基层群众性自治组织、新闻媒体和学校的责任。

垃圾具有典型的社会属性，从垃圾生产、处理到处置的全过程都需要全社会参与和监督，需要包括政府在内的全社会良性互动，需要完善的垃圾治理体系。

垃圾治理讲究政府引导，广泛吸收社会公众参与，强调政府、社会及社会各利益相关方之间的互相依赖性和互动性，依赖社会自主自治网络体系，一切从群众出发，群策群力，综合治理。垃圾治理不仅要评估经济学领域的经济、效率、效益与公平原则，还要评估治理意义下的参与、公开、公平、责任与民主等要求。

此外，此次修订的《固废法》第一次提出了"地方互动"概念，专门对"跨域合作""城乡一体"提出了特别要求。"第五十五条 ……鼓励相邻地区

统筹生活垃圾处理设施建设，促进生活垃圾处理设施跨行政区域共建共享。"

"第四十六条 ……城乡结合部、人口密集的农村地区和其他有条件的地方，应当建立城乡一体的生活垃圾管理系统；其他农村地区应当积极探索生活垃圾管理模式，因地制宜，就近就地利用或者妥善处理生活垃圾。"

垃圾处理"跨域合作"和"城乡一体"是 2 个有实际意义且重要的"地方互动"案例，推动垃圾处理跨域合作和城乡一体，有助于解决土地供应困难，优化垃圾处理设施布局，提高经济欠发达地区的垃圾处理水平和更大区域内垃圾处理的整体水平。新修订的《固废法》之所以专门提出要求，就是因为推动垃圾处理"跨域合作"和"城乡一体"具有很大的难度。

至于垃圾处理城乡一体如何推动，此次新修订的《固废法》第四十六条已经讲得很明确，城乡结合部、人口密集的农村地区和其他有条件的地方推动垃圾处理城乡一体，其他农村地区就近就地因地制宜。

第 *4* 章
垃圾治理规划

规划是对未来一定时期内目标、事件、思路、行动、结果及保障的筹划，是行动指南。垃圾治理规划是一定时期、一定地区或相关单位的特定的治理计划，是政府、社会、市场互动景象的描绘，也是对垃圾治理进行状态调整、过程控制和政策安排的一种手段，对垃圾治理起到引领、指示、规范和保障作用。不同时间、地区或单位必然会有不同的规划对象、主体和手段，治理规划要体现这些变化，垃圾治理规划具有时间性、地域性和针对性等特点。

4.1 规划定义与规划对象

4.1.1 规划定义

垃圾治理规划是把垃圾治理的世人物事放到合适的时间与空间，让垃圾治理主体通过适当手段推动治理过程随空间与时间适度演变的策划方案，要明确什么"人"、采用什么方法和措施、在什么时间和场合、推动什么治理事务演变至什么期望目的。

图 4-1 给出了垃圾治理规划的内容架构，垃圾治理规划通过推演有关治理要素及其子项在不同主体与手段作用下的时空变化及其对垃圾治理的影响，从中找出能够实现规划目的的所有相关治理要素及其子项演变过程的理

想组合及其替代组合。垃圾治理要素主要包括政策法规标准、产业、市场、项目建设营运和资源 5 大类。

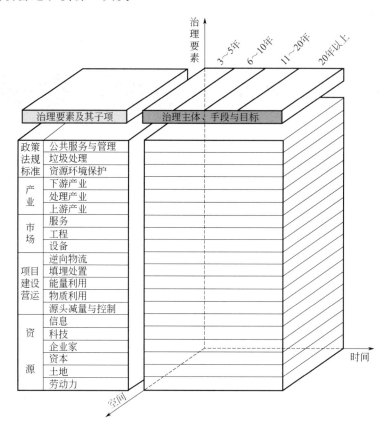

图 4-1　垃圾治理规划的内容架构

4.1.2　规划对象

规划对象（或治理对象）系指治理要素及其子项的时空演变过程与结果，是有待规划的客体，由时间、空间、治理要素、治理目标或规划目的 4 个规划要素组成。时间、空间和治理要素形成规划的 3 维范围，并称规划范围。

时间与空间是 2 个基本要素，是规划的前提。规划一定是特定地区（或单位）在特定时期的规划，需要预先明确规划时间和规划空间。

治理目标或规划目的是特定地区（或单位）的某一治理要素及其子项或垃圾治理在特定时期内欲实现的资源环境、经济、文化、社会治理等方面的指标，大致分为垃圾处理体系建设、垃圾处理设施营运、生态环境资源保护、社会参与 4 大类，各类的具体指标可视情而定，如设施营运可提出分流分类、收运、物质利用、能量利用、填埋处置等方面及安全生产、劳动保护等方面的指标，生态环境资源保护可提出减量化、资源化、无害化等方面的指标，社会参与可提出科普教育、群体事件、居民满意度等方面的指标，垃圾治理规划一个重要内容是提炼、完善垃圾治理规划的指标体系。规划目标或目的关系到整个规划的好坏甚至成败。好的目标或目的应满足 SMART 原则，即目标或目的具体（specific）、可衡量（measurable）、可达（attainable）、与其他目标或事件相关（relevant）和具有明确的实现期限（time based）。

治理要素可能既是规划的对象、核心和目标，也是规划的基础、前提和出发点，即使对所谓的"资源"要素，虽然是规划的基础和前提，但资源在规划期内也是变化的，需要与其他要素一起同步规划；但即使如此，编制规划前仍需要对治理要素进行甄别，明确每个治理要素是侧重于规划前提还是规划对象。

治理要素及其组成子项的发展状况及其对垃圾治理的影响各不相同，规划就是要摸清各治理要素的过去、现在与未来态势，发挥优势因素，克服弱势因素，利用机会因素和化解威胁因素。规划既是对现有治理要素的改善，也是对现有治理要素的充实完善。规划重点在现有治理要素的改善时可称为现状改善性规划，改善性规划侧重于治理要素的"量"的时空改善；规划重点在治理要素的完善以期实现预先设定的目标时可称为目标预定性规划，预定性规划侧重于治理要素"质"的改变与创新，包括治理要素内容的充实与创新。

4.2　规划方案

规划方案的主要内容包括 2 部分：一是给出治理方式的选择方案及其相应的物料平衡与资金分配方案；二是给出各子项和各种治理方式的规划方案，如源头减量与排放控制规划方案、物质利用规划方案、能量利用规划方案、填埋处置规划方案、逆向物流规划方案等。

规划方案应明确规划前提、规划对象、规划目标和规划主体及其实现规划目标所采用的工具、手段、方法和路线。至少应明确以下事项：

① 垃圾产量、排放量与处理量及其地理分布状况；

② 总物料平衡图和组元（分类物料）平衡图；

③ 源头减量与排放控制的标准、具体措施与效果（保守估计）；

④ 垃圾处理供求过程组合的优化；

⑤ 物质利用、能量利用、填埋的处理量及其地理分布；

⑥ 处理设施（包括运输车辆）布局、处理能力、处理费等方面的事项；

⑦ 处理设施（包括运输车辆）建设方案；

⑧ 逆向物流事项（收集、压缩、贮存、交易、运输等）；

⑨ 填埋场的用地保障及填埋场的建设营运模式；

⑩ 应急措施与环境风险管理；

⑪ 保障措施。

垃圾处理项目建设营运方面的规划至少应包括以下事项：

1）垃圾处理供求过程的优化组合。

① 适宜的垃圾处理方法及其组合；

② 物料平衡；

③ 资金分配。

2）物质利用设施建设营运。

① 根据垃圾源头分布，合理布局回收站、分拣厂（拆解厂）、仓储站点、交易站点、资源利用厂等设施，制定相关设施的建设方案，保证回收利用成本极小化；

② 设施建设营运模式（市场化、优惠政策）；

③ 物质利用副产品（无用垃圾、残渣、废液、废气、噪声等）处理的管理方案和设施建设方案。

3）能量利用设施建设营运。

① 能量利用设施建设方案（要求处理能力适中、运距合理、居民满意）；

② 能量利用副产品（炉渣、飞灰、渗滤液、烟气、噪声等）处理的管理方案和设施建设方案；

③ 建设营运模式（企业运作、土地保障、定价方法、优惠政策）；

④ 监管办法（行政监管、第三方监管、社区居民监管等）；

⑤ 惠民设施的建设营运，其他惠民办法。

4）填埋场建设营运。

① 进场垃圾种类、处理量（填埋场应急功能）；

② 填埋场建设方案；

③ 填埋场副产品（渗滤液、填埋气、臭气等）处理的管理方案和设施建设方案；

④ 政府掌控，企业化运作（不对外资开放）；

⑤ 监管办法（行政监管、第三方监管、社区居民监管等）；

⑥ 惠民设施的建设营运，其他惠民办法；

⑦ 填埋场封场及土地开发利用（复垦利用）方案。

5）逆向物流方案。

① 收集、回收、转运、计量、交易等设施（回收站点与渠道、计量磅、压缩站或中转站、交易平台、仓储、运输车、车场）的建设营运方案；

② 系统管理方案（调度、应急）；

③ 服务方案（沿线服务、与上下环节的衔接、电子服务）；

④ 市场开发与开放方案；

⑤ 保障措施。

6）源头减量与排放控制。

① 企事业单位、机关团体、居民源头减量与排放控制的主要项目、措施及配套设施建设方案；

② 第三方服务方案；

③ 绩效考核方案；

④ 宣传教育方案；

⑤ 指导、监督办法；

⑥ 管理体制、财政补贴、法制建设等保障措施的完善方案。

源头减量是垃圾治理的重要环节，但其方案规划却是历来垃圾治理规划的薄弱环节，应受到高度重视。

7）生态环境保护与修复方案、土地开发利用方案。

8）科技研发方案。

9）各类垃圾治理规划主要项目明细表。

4.3 【案例】垃圾治理五年规划节选

该案例摘选自某市垃圾治理"十三五"规划的发展目标、发展任务和保障措施，意在提供参考模板和垃圾治理的评价指标、主要任务和保障措施。

4.3.1 发展目标

垃圾治理发展目标包括设施建设、公共秩序、环境质量和队伍建设 4 大类指标。到 2020 年，生活垃圾分类处理体系实现城乡全覆盖，全市城镇生活垃圾无害化处理率达100%，农村生活垃圾无害化处理率达80%，具体指标见

表 4-1。

表 4-1 某市垃圾治理"十三五"规划指标

规划准则	规划指标	单位	2015 年完成值	2020 年目标值	指标属性	专业分工
公共设施建设质量	规划设施建设的完成率	%				
	生活垃圾处理满足度					
	生活垃圾处理设施配置离散度	%				
	生活垃圾焚烧处理能力	$\times 10^4$ t/d				
	建筑废弃物综合利用规模	$\times 10^4$ t/a				
	新增粪便无害化处理能力	t/d				
	新增动物尸骸卫生处理能力	t/d				
	生活垃圾分类示范街镇达标率	%				
	城镇生活垃圾分类回收利用率	%				
	建筑废弃物综合利用率	%				
公共秩序质量	定时定点分类投放社区占比	%				
	垃圾运输车辆滴漏检查合格率	%				
	垃圾运输车辆滴漏检查合格率	%				
	垃圾处理费收缴率	%				
	环卫车辆 GPS 安装率	%				
公共环境质量	城镇生活垃圾无害化处理率	%				
	农村生活垃圾无害化处理率	%				
	有害垃圾分类收集处置率	%				
	进场动物尸骸无害化处理率	%				
	进场粪便无害化处理率	%				

4.3.2 发展任务

推进政府、企业、公众良性互动和共治，实现垃圾处理、管理向垃圾治理的转变。加快城乡垃圾分类处理一体化，巩固国家生活垃圾分类示范城市创建成果，全面深化生活垃圾分类，高水平建设垃圾处理循环经济产业园，建设有足够处理能力的垃圾处理设施，稳步推进低值可回收物的循环利用，健全垃圾分类处理法规、政策、标准和宣传教育体系，完善生活垃圾源头减量和分类排放、分类收运和分类处理运行管理体系。

到 2020 年，初步建立以源头减量和分类排放、回收利用、末端分类处理为核心的运行管理机制，基本实现生活垃圾分类投放、分类收集、分类运输、分类处理，实现垃圾分类回收和再生资源回收的对接，实现城乡生活垃圾分类宣传教育全覆盖，破解"垃圾围城"困境。城镇生活垃圾分类回收利用率达35%以上，"定时定点"分类投放社区占比达80%，生活垃圾分类示范街镇创建达标率达100%，生活垃圾中有害垃圾分类收集处置率达100%；建成7个垃圾处理循环经济产业园，全市城镇生活垃圾无害化处理率达100%，农村生活垃圾无害化处理率达80%，基本实现"原生垃圾零填埋"的目标，推动生活垃圾分类处理产业走上良性发展轨道。

（1）强化生活垃圾源头减量和分类回收

① 全面建设生活垃圾分类示范城市。贯彻落实《广东省城乡生活垃圾处理条例》，提升《××市生活垃圾分类管理规定》为地方性法规，进一步落实属地管理、行业管理以及生活垃圾分类责任人制度，完善生活垃圾分类管理体系。稳步推广生活垃圾"定时定点"分类投放模式，促进源头分类投放。规范有害垃圾贮存、收运以及处置管理，推进有害垃圾处置工作。按照"点面结合、示范带动、整体推进"的原则，持续开展生活垃圾分类示范机团单位、示范学校教育基地创建工作，构建生活垃圾分类示范街镇创建评价体系，推进示范街镇建设。引导社会企业参与生活垃圾分类工作，逐步建立街道生活垃圾分类长效机制，巩固生活垃圾分类示范城市创建成果。

② 深入推进源头减量及资源回收利用。鼓励区、街（镇）探索利用经济手段促进厨余垃圾源头减量和分类排放。贯彻落实《××市购买低值可回收物回收处理服务管理办法》，制定相应的配套文件，完善生活垃圾分类第三方服务机制，规范第三方服务管理，推广废玻璃、废塑料、废木质、废软包类、废布碎、废纸类等低值可回收物分流分类处理，研究推进快递包装垃圾减量与回收利用，推进低值回收物回收利用。加快生活垃圾分类回收和再生资源回收的对接，完善再生资源回收网络，整合流动收购人员资源，全面建成废旧物品能收则收、应收尽收、精细分类的再生资源回收体系，实现再生资源包括低值可回收物的专收专运。

③ 持续完善生活垃圾分类处理法规体系。全面加强《××市人民政府办公厅关于印发××市完善生活垃圾分类处理制度体系工作方案的通知》确定的制度体系建设。编制《××市生活垃圾分类发展规划》，制定和修订《××市落实限制生产销售使用塑料购物袋工作方案》《××市生活垃圾终端处理阶梯式计费管理暂行办法》《××市环境卫生收费工作指引》等制度文件，加快推进垃圾处理费随水费征收改革，完善垃圾处理费征收使用制度，合理调整

垃圾处理费征收标准与征收方式，严格征收、使用和管理，同步建立垃圾处理收费与政策激励并行机制，推进垃圾分类标准体系建设，提升制度化、法制化管理水平。

④ 持续强化生活垃圾分类处理社会动员。实施生活垃圾分类处理社会动员五年规划，创新生活垃圾分类处理的社会参与机制，建立社会动员体系和长效机制，加大生活垃圾分类宣传和教育培训力度，提升社会各界对生活垃圾分类处理的深度认知，提高居民认知度和参与积极性，形成全民持续参与的良好社会氛围。

⑤ 进一步加强生活垃圾分类检查督导和执法。加强日常检查和监督执法，建设生活垃圾分类信息化管理平台，建立集数据统计、检查考评、督查督办以及低值回收物回收利用管理监督于一体的信息服务平台，实现生活垃圾分类信息化管理。

（2）优化生活垃圾分类收运体系

① 推进分类垃圾分类收运。建立与源头分类投放和终端分类处理无缝衔接的分类收运体系，重点建立健全大件家具家电、厨余垃圾、快递包装垃圾、家庭装修垃圾和有害垃圾的收运体系。进一步完善生活垃圾分类收运线路、作业规定和管理流程，统筹厨余垃圾、其他垃圾、有害垃圾分类运输网络，优化生活垃圾收集站（点）、回收站（点）和转运站的布局，合理调配垃圾收运线路和车辆配备，基本做到专车专运、按规定线路分类运输、易腐有机垃圾日产日清。2017年底前，全市城区建立了完善的分类排放、分类收运的垃圾收运体系。

② 加强垃圾收运监管。推行垃圾运输车辆定期检查和审验制度，提升垃圾运输车辆信息化监管水平，加强垃圾收运队伍建设，强化偷运偷倒和跑冒滴漏等违法违规现象的整治。

③ 完善垃圾转运设施建设。新建和改扩建一批垃圾压缩站，推进大型多功能转运站（物流中心）的建设，推广应用新能源车（替代人力车和常规动力车），进一步提高垃圾分类收运、转运效率。加强车站车场建设和管理，妥善管理、清扫垃圾运输车辆。

（3）提升设施规划、建设与运行水平

① 完善垃圾处理设施建设规划。编制《××市生活垃圾收运处理系统战略规划（2018—2035年）》和《××市生活垃圾处理设施建设"十三五"规划》，促进规划、建设、营运管理有机衔接，优化市、区、街（镇）、社区、

企业之间的关系，推动社区自治，提高行业竞争性，创新垃圾治理动力；准确预测全市和中心六区生活垃圾产量、清运量和终端处理量，强化生活垃圾源头减量与分类排放，推动生活垃圾集中二次分选，强化物质回收利用，研究推广高热值垃圾焚烧处理和垃圾衍生燃料应用，均衡建设和合理布局物质回收利用、能量回收利用和填埋处置等垃圾处理设施，增大生活垃圾处理能力，有效降低焚烧处理生活垃圾的含水率，有效降低填埋处置生活垃圾的可降解有机物和水分的含量，推动生活垃圾焚烧处理技术升级换代，提高垃圾处理设施的运行效率效益和使用寿命。

② 加快生活垃圾终处理设施建设。完善七大循环经济产业园区建设规划，条件成熟的情况下兼顾园林绿化垃圾、城镇污水处理厂干化污泥等垃圾的处理。编制《××应急填埋场园区规划》和《××循环经济产业园生活垃圾应急综合处理项目园区规划》，筛选入园项目，提高土地利用率。严格按期完成既定建设目标，加快推进 5 座资源热力电厂（第三、第四、第五、第六、第七资源热力电厂）、××填埋场第七区工程及配套工程、3 座厨余垃圾处理厂的建设；新规划建设生活垃圾应急填埋场和生活垃圾应急综合处理设施。

到 2020 年，全面建成七大垃圾处理循环经济产业园区并使之成为惠民工程和循环经济与环境保护示范工程，形成物质回收利用、焚烧处理、生化处理和填埋处置相互协调共生的生活垃圾综合处理局面，全市城镇生活垃圾无害化处理率达100%，农村生活垃圾无害化处理率达80%，基本实现"原生垃圾零填埋"的目标；力争餐饮垃圾生化处理能力达 800t/d，动物尸骸卫生处理能力达100t/d 和粪渣无害化处理能力达1000t/d。

③ 规范建筑废弃物处理设施建设。编制《××市建筑废弃物消纳场布局规划》，积极推广建筑废弃物的资源化利用技术，完善建筑废弃物处理的全流程设计，探索建筑废弃物处置监管机制、措施和办法，确保建筑废弃物高效、有序、安全处置。"十三五"期间，建成投产总处理规模 800 万吨/年的建筑废弃物综合利用设施和总容量 5000 万立方米的建筑废弃物临时消纳场。

④ 推动封场后填埋场的土地覆绿和生态环境恢复。2017 年底前，各区完成了属地全部填埋场（包括卫生填埋场和简易堆置场）的普查和分析工作，掌握其封场时间、占地面积、垃圾堆体状况、垃圾物理组成、土地开发价值和周边经济社会、环境情况等，编制相应的生态环境恢复计划，统一、安全、分期推进填埋场的覆绿、垃圾资源化利用、土地复垦和生态环境恢复工作。鼓励已覆绿填埋场用作光伏发电、种养殖、资源节约与环境保护教育等开发利用基地。

⑤ 健全垃圾处理生态补偿制度，探索生态赔偿办法。完善生活垃圾跨

区处理的生态补偿办法，促成垃圾处理设施经营单位、周边居民和服务区域之间形成利益共同体，保障垃圾处理设施顺利建设和平稳运行。探索生活垃圾处理生态赔偿办法，严惩生态环境破坏行为，保障公共环境权益不受侵害。

⑥ 强化垃圾处理设施的建设和运营监管。完善市区联动监管体系，建立区属设施监管机构，加强对区属监管力量的业务指导，加强经验交流，形成市区联动的监管组织架构和监管体系，填补监管漏洞。建立健全动物尸骸、粪渣全过程监管体制机制。在强化政府监管的同时，进一步加大社会监管的范围和力度。对正在推进的垃圾处理基础设施项目，坚持高标准建设、高标准管理，严格执行安全生产、职业卫生、环境保护、消防安全"三同时"制度，确保建设项目成为精品工程、惠民工程，发挥垃圾处理基础设施的最大效能。督促营运单位严格执行各项工程技术规范、操作规程和污染控制标准，严格执行主要污染物排放控制要求，切实做好卫生填埋场渗滤液及资源热力电厂烟气、飞灰、噪声和渗滤液的排放处理等工作。在产业园区建立园区管理制度，实行统筹管理。

⑦ 建立全市生活垃圾处理的应急调度机制。建立健全终端处理应急调度管理制度，提高全市生活垃圾终端应急调度和处理能力，非常态下对全市垃圾处理设施进行统筹管理，统一调度，充分发挥全市生活垃圾终端处理设施综合效益，确保生活垃圾安全、有序、高效处理。

（4）全面治理农村垃圾

① 推动农村垃圾就地就近综合处理。适合在农村消纳的垃圾应分类后就地处理处置。果皮、枝叶、厨余等可降解有机垃圾应就地就近堆肥，或利用农村沼气设施与畜禽粪便以及秸秆等农业废弃物协同处理，发展生物质能源；灰渣、建筑垃圾等惰性垃圾应铺路填坑或就近掩埋；可再生资源应尽可能回收，鼓励企业加大回收力度，提高利用效率；有毒有害垃圾应单独收集，送相关废物处理中心或按有关规定处理。

② 完善农村垃圾收运、处理体系。一要科学确定垃圾收运体系。根据村庄分布、经济条件等因素确定农村生活垃圾收运和处理方式，原则上所有行政村都要建设垃圾集中收集点，配备收集车辆；逐步改造或停用露天垃圾池等敞开式收集场所、设施，鼓励村民自备垃圾收集容器。原则上每个乡镇都应建有垃圾转运站，相邻乡镇可共建共享。逐步提高转运设施及环卫机具的卫生水平，普及密闭运输车辆，有条件的应配置压缩式运输车，建立与垃圾清运体系相配套、可共享的再生资源回收体系。

二要因地制宜选择垃圾处理方式并配齐设施设备。优先利用城镇处理设施处理农村生活垃圾，城镇现有处理设施容量不足时，应及时新建、改建或扩建；选择符合农村实际和环保要求、成熟可靠的终端处理工艺，推行卫生化的填埋、焚烧、堆肥或沼气处理等方式，禁止露天焚烧垃圾，逐步取缔二次污染严重的简易填埋设施以及小型焚烧炉等。边远村庄垃圾尽量就地减量、处理，不具备处理条件的应妥善贮存、定期外运处理。完善"村收集、镇转运、区市处理"的模式，改善人居环境。

　　三要完善农村垃圾治理融资制度。建立健全农村垃圾处理费征收制度，健全市、区、镇财政划拨制度，吸收社会资金投入农村垃圾治理，有条件的区、镇可以设立农村垃圾治理基金。

　　③ 建立村庄保洁制度。尽快建立稳定的村庄保洁队伍，根据作业半径、劳动强度等合理配置保洁员。鼓励通过公开竞争方式确定保洁员。明确保洁员在垃圾收集、村庄保洁、资源回收、宣传监督等方面的职责。通过修订完善村规民约、与村民签订市容环境卫生责任区告知书等方式，明确村民的保洁义务。

　　到2020年，全市所有村庄的生活垃圾得到有效治理，实现有齐全的设施设备、有成熟的治理技术、有稳定的保洁队伍、有长效的资金保障、有完善的监管制度。

（5）规范行业监督管理

　　① 规范行业市场。完善生活垃圾清扫、收集、分类、运输和处理服务监管。建立行业评价制度，根据国家发布的有关标准，定期和随机对全市正在进行的生活垃圾保洁清运服务及正在营运的处理设施管理效果进行评价。建立面向市场的垃圾治理综合服务体系和公平有序的市场运行机制，建立完善的市场准入退出机制和企业信用体系，打破垄断，吸引企业参与垃圾治理，培育行业骨干企业，促进垃圾治理专业化、企业化、市场化和产业化，维护行业秩序、效率和公平。

　　② 加大监管力度。围绕垃圾投放、收集、运输、处理等环节，探索建立集政府、业主、社会监督于一体的生活垃圾处理监管机制，提高监管水平。改进生活垃圾管理、营运监督考核办法，量化考核指标，将考核结果作为行业评价、经费划拨的重要依据，注重考核结果的运用，督促全市生活垃圾分类处理各责任单位加强管理，落实责任，提高水平。建立健全检查人、检查对象、检查时间"三随机"抽查监管制度，加强执法检查，严厉打击各种违规行为，确保生活垃圾分类处理管理有序、市场规范、健康发展。

4.3.3 保障措施

（1）体制机制保障

① 优化管理体制。进一步优化市、区、街道城市管理部门工作机制，建立市、区数字管理协同处置工作网络，着力解决权责交叉、多头执法、以罚代管、管理缺位的问题。坚持条块结合、以块为主，下移管理重心，下沉管理力量，发挥区、街道主体作用，加快构建权责统一、权威高效的管理体制。

② 统筹综合协调机制。发挥市城市管理工作领导小组办公室的宏观谋划、统筹协调、高位督办作用，进一步完善发展改革、财政、国土规划、环境保护等相关部门的沟通协调机制，建立有效的跨市协调联动机制，建立跨区域、跨部门、跨层级的互联互通平台和数据交换机制，建成以分类管理、分级负责、条块结合、属地管理为主，政府与企业联动的城市管理应急管理体制。

③ 加强考评机制建设。将垃圾治理工作纳入经济社会发展综合评价体系和领导干部政绩考核体系，推动地方党委、政府履职尽责。推广绩效管理和服务承诺制度，加快建立行政管理问责制度，健全社会公众满意度评价及第三方考评机制，严格落实权利清单、责任清单和负面清单，对不作为、慢作为、乱作为、虚作为等行为，按规定对相关责任单位和责任人进行问责。

（2）经费投入保障

① 完善垃圾处理专项经费分配机制。按照科学与激励原则，市财政对各区进行经费专项补助。一方面根据各区财政承受能力，对经费投入有困难的区给予适当财政补助；另一方面对垃圾处理工作质量较高的区给予激励，建立健全与绩效相挂钩的垃圾处理专项经费科学分配机制。

② 加强经费管理。加强垃圾处理资金预算编制、执行控制和统筹使用，保证垃圾处理资金足额、及时到位和合理使用。市、区两级财政和城市管理部门要加强对垃圾处理经费的管理，严格落实各项规定。严格执行罚缴分离、收支两条线制度。各区根据垃圾处理标准提高的要求，在加大自身投入的基础上，落实好与市级投入相匹配的资金。各级财政加强对垃圾处理专项经费投入使用情况的监督检查，特别是加强城中村、农村地区保洁和垃圾处理等垃圾处理经费投入的检查指导，确保城乡一体化发展。深入开展环卫收费体制改革，随水费增收，进一步提高收费率，适当调整收费标准，使其与城市

发展水平相适应。

③ 引入多元投资机制。创新投融资模式，完善基金政策，在逐步增加财政性投入的同时，拓宽资金来源渠道，广泛吸引各类社会资金投入，形成多渠道、多层次、多元化的投入保障机制，支持民间资本以合资、合作、股份制等形式参与生活垃圾处理事业，鼓励民间资本以公私合营模式（PPP）参与公共服务项目，推广垃圾处理一体化PPP模式，推进垃圾处理项目社会化和企业化运作。

（3）政策法规保障

① 完善政策法规。进一步完善垃圾分类处理法规制度体系，抓紧出台《××市循环经济产业园建设管理办法》《××市动物尸骸和废弃肉制品处理管理规定》《××市落实限制生产销售使用塑料购物袋工作方案》；推进《××市城乡生活垃圾分类管理条例》成为地方性法规；提请修订《××市建筑废弃物管理条例》；制定《××市生活垃圾运输车辆管理技术规范》《××市生活垃圾分类设施配置及作业规范》等规范性文件，完善垃圾分类处理各环节标准规范。

② 适时评价城市管理五年规划纲要的实施情况。组织开展垃圾治理五年规划纲要的实施情况年度评价、中期评价和总结评价，以纳入规划的主要指标、政策措施和重大项目为主要抓手，科学评价规划的实施情况，及时发现问题，督促垃圾治理五年规划纲要的执行，确保规划目标任务顺利完成。

（4）社会支撑保障

① 探索社会参与机制。探索建立社会参与机制，建立政府与社会互动机制，加强宣传教育，提高公众参与率，保障社会（公众）的知情权、表达权、掌控权和监督权。利用各种媒体宣传规划及其实施情况，营造全社会关注与监督规划及其实施的良好氛围，确保社会公众的知情权；探索建立建设项目公示、协议和听证制度，鼓励社会和利益相关方参与项目前期和建设各阶段的协商论证；建立舆论监督和公众监督机制，发挥新闻媒体的宣传教育与监督作用，建立公众反馈意见的执行监督制度，提高社会的监督意识和监督效率。

② 发挥行业协会作用。进一步加强行业协会的社会中介组织地位和作用，出台垃圾治理行业协会自律公约，规范行业协会的服务、监督、协调等活动，加强行业协会自治，保障行业协会自主发展。行业协会制定和执行行

规行约，建立健全行业自我约束机制，完善行业信用体系，强化行业自律，维护行业和企业利益，保障行业健康发展。鼓励行业协会成立非营利性社会企业，组织实施社会服务工作，强化在产品质量、产业链、市场和工艺技术等方面的服务。发挥其在政府、企业和社会之间的中介作用，为城市管理事业做出应有贡献。

③ 创新舆情引导模式。发挥自媒体在大数据时代的议程设置能力，积极稳妥地落实城市管理相关议题宣传，促使垃圾处理设施等"邻避"项目顺利落地，提高社会对垃圾治理的了解程度、支持程度，形成有利的良好舆论导向。加快建立危机公关机制，面对意外性、聚焦性、破坏性和紧迫性的事件，建立理性而有效的应对机制。

④ 动员广大公众参与。完善"公众参与、社会监督"机制，加强常态沟通，发展多元化、贴近公众、深入公众的动员方式，引导社会各界、市民群众积极参与建设有序和谐社会，形成政府与社会良性互动局面。

第 *5* 章
垃圾治理之道

实施垃圾治理的规划和任务计划取决于"人"。惟有"人"自主自觉地参与垃圾治理，垃圾妥善治理才能实现；垃圾必须得到妥善治理，然而，垃圾人人产生却人人嫌弃；怎样才能让人自主自觉参与垃圾治理呢？这就需要探索垃圾治理的人人参与之道。

5.1 垃圾治理的善人之道

垃圾治理要正确处理自治与他治、公益与私利、供给与需求、效率与公平、政府主导与市场化、垃圾及时处理与垃圾治理可持续发展等关系，妥善治理垃圾，提升垃圾治理参与者的获得感；但从道德层面来看，垃圾治理是"善事"，更多的是成就他人的善人之举。垃圾治理之道是善人之道。

5.1.1 如何实现垃圾治理的善人之道

善人之道重在行而有效。垃圾治理的善人之道重在坚持施行垃圾妥善治理，首先是坚持施行。垃圾治理是个体坚持施行和他人坚持施行的统一；坚持施行垃圾治理是一种积极态度，是正道美德；贵在坚持，坚持成习惯，习惯成自然；培育和强化坚持施行态度，除利益补偿外，需要通过教育和身体力行强化自律，也需要通过法制强化他律。

一是通过教育。晓之以理，动之以情，教人坚持垃圾治理，当代人且又教其后人也坚持垃圾治理，让垃圾治理内化于心，外化于形，人人皆自主自觉地坚持施行垃圾治理，达到"走正道、行美德"的境界，因此成就垃圾善治这一伟大的社会事业。

二是通过身体力行。从自己做起，坚持不懈，不受外界影响，为而不争，用行动和效果去教育、引导他人加入，不断扩大参与垃圾治理的队伍。垃圾产生者、垃圾处理者和垃圾治理推行者（管理者）都要身体力行，垃圾产生者施行垃圾减量和排放控制，垃圾处理者施行垃圾收集、运输、资源化利用和处置，垃圾治理推行者制定规章、规划和计划，加强指导、规范、监督和服务，各自承担各自的责任与义务。

三是通过法律约束。世上总有些投机取巧、我行我素的人，宽于律己；每个人都或多或少存在自以为是的自我面和侥幸心理。为了将个人思想与行为统一为社会思潮与行动，有必要动用法律手段"去智去巧"。

垃圾治理需要通过法律规范个人心态与行为，用法律规定权责利和个人与社会之间的关系，并采用合同契约、个人信用记录、司法介入等方式来加以约束。除法律外，还需要加强道德约束，建立健全道德文化层面的行为规范，并基于社会普遍信任，让每个人都真正做到从我做起。

仅坚持施行还不够，善人之道还须施行得当。垃圾治理不仅要坚持施行，还要妥善治理。垃圾治理世人物事及其所处环境都是运动变化的，而运动变化就会产生新现象和新问题，因此，需要对此探究，找出应对计策与方法，再据此做出决策和指令，并按部就班执行，而执行又会引发新的运动变化。垃圾治理要遵循这种治理规律，通过探究掌握垃圾治理世人物事的运动变化规律，关键是要探究。

探究要做足调查研究，惟实惟情，明察权衡"本与末""因与果""表与里""同与异""真与伪""有与无""多与少""远与近""重与轻""安与危""得与失""亲与疏"等一切利害关系，提出上、中、下应变策略，既未雨绸缪，又防微杜渐，也因势利导，防治结合；同时，还要分析应变策略对事物运动变化的影响及上、中、下策自身的运动变化。

垃圾治理需要探究思考，回答什么是正义的垃圾治理举措，要"立""破"什么，回答垃圾治理各主体能做什么和怎么做等。通过探究思考提出切实可行的方式方法，让垃圾治理周密精细、利己利人、切实可行，成为人人自主自觉坚持施行的正道美德，实现垃圾治理的善人之道。

5.1.2　垃圾治理探究思考的重点方面

以下是垃圾治理需要重点探究思考的几个方面。

（1）垃圾的社会性与聚落性

让垃圾治理善己善人，就表明垃圾治理的根本对象是人及其形成的社会。垃圾是一类固态废物，具有物质性，这是表象，但深究起来，垃圾来自谁和怎么产生与处理（这里的"垃圾产生"是指垃圾源头减量与排放控制，"垃圾处理"是指垃圾收集、运输、资源化利用和处置），必然会追溯到人与社会及其行为，垃圾具有社会性。垃圾治理是一定时空上涉及人与物的一系列事件的组合。

垃圾的物质性和社会性都是具体的，垃圾治理要研究"具体的"人理、物理和事理及其相互作用所产生的世理，而且，人是具体社会的人，不能只看到具体的单个人，更要研究具体的家庭、小区、社区（村）和乡镇（街道办）的聚落性质或俱乐部性质对垃圾产生与处理的决定性影响；此外，垃圾治理必须在时空上做到"具体化"，且要把"世""人""物""事"放在流动的时间上具体化，因时调整。

于是看到，垃圾具有"聚落性"（从地理角度讲就是"地域性"），垃圾治理存在南北差异、沿海与内地差异、山区与平原差异、城市与乡村差异、中心城区与边缘城区差异、小区与城中村差异、隔离小区与杂居区差异等。垃圾治理要正视这类差异的存在，根据地域及其经济社会条件提出适宜的治理方式方法，因地因时治理和便宜行事。

（2）垃圾治理的具体化与普适性

提倡垃圾治理具体化，不等于垃圾治理就没有普适性的治理政策，相反，管理的高明就在于根据具体情况提炼出普适性的垃圾治理政策，因此而降低管理成本。如"普遍推行生活垃圾分类制度"是普适性的，地不分南北人不分男女都要施行垃圾分类制度，全国都要落实。具体到一地，如何推行呢，那就需要找到当地的普适性招数，像一线城市占比和增幅较大的是包装垃圾，其次是厨余垃圾等，可以要求"重点分出可回收包装垃圾和蔬菜生产基地、农贸市场和食堂酒楼的厨余垃圾"等。

只有找到当地的普适性垃圾治理方式方法，垃圾治理才能成为义举；不合时宜的治理方式方法只能让人敬而远之，让人对管理及其代理人失去信任。需要人人躬行践履的垃圾源头减量与排放控制如此，涉及较少人数的垃圾处理亦是如此。广西横县垃圾分类以分出厨余垃圾和厨余垃圾堆肥为工作重点，经受了时间的检验，之所以成功是因为横县是农村地区，花卉果园等农林地保障了堆肥销路；但把这经验搬到缺少农林地的一线城市是行不通的。广州一些社区从 2011 年开始推行生活垃圾分类，以可回收包装物（干垃圾）为分出重点，便宜行事，坚持至今。

（3）事因人物而设，体系因事而成

垃圾治理要深入研究垃圾治理"人""物"的具体性。垃圾治理要高度重视垃圾治理"人"的具体性，不仅仅要研究垃圾产生者和聚落对垃圾产量、性质和排放特点等的决定性影响，还要研究垃圾治理主体对垃圾治理的态度。此外，垃圾治理要研究垃圾治理"物"的具体性，既要研究"垃圾"的具体性，也要研究治理垃圾的器物和资源的具体性。

只有透彻研究垃圾治理的"人"与"物"，才能掌握垃圾治理主体的心理、思想和行为倾向，才能掌握垃圾特性，才能掌握可用于垃圾治理的器物、资源等"家底"，在此基础上规划、计划的垃圾治理事务才能广为垃圾治理主体欢迎并去积极实施，才能符合当地条件而得以落实。要根据当地的"人""物"条件去规划、计划和实施垃圾治理事务，这就是垃圾治理的"事因人物而设"。

强调"事因人物而设"并不排斥"人物因事而变"。相反，垃圾治理要创造条件发挥人的主观能动性和优化资源配置，创造条件办成事，如通过创新人才流动制度、优惠扶持制度等引进人才和企业家，通过鼓励公私合营模式（PPP）解决运营管理、融资等困难，通过鼓励城乡融合发展解决土地供应困难，通过创新垃圾排放征费制度和鼓励工业垃圾与生活垃圾融合处理解决生活垃圾处理费支付困难，等等。垃圾治理要做到事因人物而设，人物因事而变，人尽其才，物尽其用，事事得体，体用俱全，世人物事皆围绕准则运行。

垃圾治理要"事因人物而设"而非"人物因事而设"。这两者的差别其实就是"治理"与"管理"差别的体现。"治理"强调各垃圾治理主体的协调一致、一切从实际出发和具体问题具体分析，先有人、物再设事，有什么条件就做什么事，一切为了事务得以落实；"管理"强调行政管理主体的掌控、一切从行政管理需求出发和按图索引，先设事再找人与物，没有条件也要去做想做的事，一切为了心中的宏伟蓝图，难免落入长官意识、形式主义和乱作为。

最重要的是，事务规划要适应体系建设的需求。为此，不仅要规划做什么事，谁去做，怎么做，还要规划每件事做到什么程度，更要规划每件事的实施顺序，要让每件事以合适的面目发生在合适的时间、地点，让一系列事务编织成规划中的垃圾治理体系蓝图，实现"体系因事而成"的垃圾治理思想。

垃圾治理坚持"体系因事而成"，要精心规划、计划、设置和处置垃圾治

理事务，处事得体，以求顺应治理规律和解决具体问题，建设简单高效、有序和谐的垃圾治理体系。事务及体系规划不仅具有前瞻性，也具有适度的超前性。这里的超前性指的是超出当时当地的人与物条件。

只有深入研究垃圾治理的世人物事，垃圾治理主体怀揣利自己不害他人和积极为他人谋利益且不与他人争利益的"利而不害，为而不争"品德，垃圾治理才能达到"事因人物而设，体系因事而成"的境界。

（4）垃圾治理的可持续化

坚持才是正道，垃圾治理必须要找到能够让人坚持的正道，这要求垃圾治理不仅要遵从经济、政治、文化、社会和自然的客观规律，顺天应人，还要适应经济、政治、文化、社会和自然的发展变化，通时合变。具体到垃圾处理就是垃圾处理如何适应垃圾处理量不断增大的需求问题，扩大而言就是垃圾处理的可持续性问题。

自1980年代以来，我国生活垃圾处理需求和供给发生了两次大变化。

第一次发生在1995～2005年间，生活垃圾处理需求发生系统性变化，垃圾处理需求量大幅增大，原因是我国产业体系从农业体系过渡到工业体系，商品生产和消费水平大幅提高，这次垃圾处理需求系统性变化导致农业经济时代的垃圾自产自消式供给方式崩盘。

第二次发生在2000年后至今，生活垃圾处理供给方式发生结构性变化，从"填埋为主，回收利用和自产自消为辅"的供给方式转变为"焚烧为主，回收利用和填埋为辅"的供给方式，垃圾处理供给量"短平快"提高，但垃圾处理供给弹性减小，垃圾处理价格攀升。

"填埋为主，回收利用和自产自消为辅"的供给方式几乎是完全弹性的，只要有填埋库容，多少垃圾都可消纳；但问题就在填埋库容总是有限的，这就注定填埋为主的供给方式是不可持续的，事实也证明如此。这就是2010年前后垃圾处理供给方式从填埋为主转为焚烧为主的原因。

与填埋几乎是完全弹性供给相反，焚烧几乎是完全无弹性供给。如果垃圾处理以焚烧为主，其供给也将缺乏弹性，亦即，无论供给价格如何提高，供给量都难以增大；如果要增大供给量，只能新增焚烧处理设施；有些城市已经开始了第二波大规模焚烧设施的建设。由此可见，焚烧处理的无弹性让焚烧为主的垃圾处理供给方式不可持续。

发达国家的垃圾处理经验表明，如果不推行垃圾的物质利用，焚烧填埋设施的建设速度跟不上垃圾处理量的增速。

以上观察分析表明，垃圾处理可持续性主要取决于垃圾处理供给的弹性和垃圾处理需求的变化，是垃圾处理供给适应垃圾处理需求的问题，而不取决于具体的垃圾处理方法。不是说焚烧、填埋处理方法不好和不能采用，更不是说垃圾物质利用就能包打天下，而是强调要结合当地经济社会状况，综合利用源头减量与排放控制、物质利用、能量利用和填埋处置等各种处理方法，发挥体系"1+1>2"的叠加效应，建设具有适应性的垃圾处理体系，维持相对稳定、均衡的垃圾处理供求关系。当然，具体到一地一城如何建设垃圾处理体系，则必须因地、因时、因势制宜，这本身就是垃圾治理的可持续之道。

5.2 垃圾治理的方法论

垃圾治理的方法论回答"怎么做""怎么做得更好"的问题。垃圾治理要坚持群众路线，坚持自治、法治、德治及其融合，坚持对立议题的统一和坚持理论指导实践。

5.2.1 坚持群众路线

垃圾治理需要发动群众、组织群众和依靠群众，因而必须坚持群众路线，将群众路线自觉、自如、彻底地贯穿到垃圾治理全过程。要牢固树立以人民为中心的发展理念，坚持人民利益高于一切，始终以人民群众利益为出发点和归宿点；要坚持"实践—认识—再实践—再认识"的认识论和理论联系实际的作风，做到领导与群众相结合，做到指导与学习相结合，做到一般号召与个别指导相结合，从实践中来，到实践中去。

5.2.2 坚持自治、法治、德治及其融合

垃圾治理是一个促进个人、单位、社区、社会之间的交集最大化的过程，需要形成"自治、法治和德治及其融合"的垃圾治理模式，以便统筹大局，兼顾当前与长远利益，兼顾局部与全局利益，兼顾各方群众利益，从群众反映最强烈、最突出、最紧迫的问题着手，重点突破，切实解决好事关人民群众利益的实际问题，巩固和增大有效参与垃圾治理的群众队伍，最终形成群众自主自觉坚持施行垃圾治理的正道美德。

垃圾治理要发挥《中华人民共和国固体废物污染环境防治法》（简称《固

废法》）"主体"的主治作用，用法律规定的权力清单（法律授权）、责任清单（法律责任）、负面清单（法律禁止）来制约公权力和保障私权利；同时，也要发挥人的主观能动性，根据法律建立健全垃圾治理的制度和运行机制，体现法治的价值、原则和精神。

5.2.3 坚持对立议题的统一

垃圾治理存在许多对立议题。为求善治，需要处理好"法治"与"人治"、"自治"与"他治"、"物"与"人"（"事理"与"人理"）、"推行"与"实施"、"管理"与"治理"、"末端"与"全程"、"垃圾产生"与"垃圾处理"、"处理方法"与"处理体系"、"设施建设"与"垃圾处理"、"垃圾资源化利用"与"垃圾处置"（2020年版《固废法》定义填埋、焚烧为处置方法）、"垃圾处理服务供给"与"垃圾处理服务需求"、"公益"与"私利"（"社会"与"个人"）、"效率"与"公平"、"城市"与"乡村"、"行政区划内"与"行政区划外"、"政府"与"社会"等对立议题的统一。否则，便会出现"垃圾围城"、邻避事件、看客心态、眉毛胡子一把抓、以偏概全、损公肥私等问题。实际上，"垃圾围城""垃圾围村""邻避事件""看客心态"已经是近30年来生活垃圾治理所遇到的严重问题。

5.2.4 坚持理论指导实践

垃圾治理可划分出定义、特征、指导原则、基本任务、综合治理、治理失灵、政府与社会分工、社会自治、经济手段、规划及规划评价、社会合适参与、生活垃圾处理服务定价等领域加以研究。垃圾治理应对这些领域及新领域开展更深入、更系统的研究，找出内在规律，以期指导治理实践。

5.3 垃圾治理的分析工具

作为一个社会技术系统，垃圾治理可以借用系统论、工程技术、社会学和哲学等的研究成果加以分析，但指望精准、定量的分析目前是不现实的。

可以对垃圾治理中的"技术"方面，如垃圾处理的工艺流程、垃圾运输的优化和垃圾产生者的垃圾投放行为的科学管理等，进行定量分析；但很难对垃圾治理的"社会"方面，包括政治、法律、规划、社会、经济环境等因素对垃圾治理的综合影响，以及技术对政治、法律、规划、社会、经济环境等因素的影响，给出精准的定量分析。目前，垃圾治理分析只能做到定性分析与定量分析相结合。

5.3.1 态势分析法

态势分析（SWOT 分析法）是一种便于应用且快速给出参考决策的定性分析工具。表 5-1 列出了垃圾治理系统的优势与弱势及机会与威胁，然后根据"发挥优势，克服弱势，利用机会，化解威胁"的原则与宗旨，找出问题的解决策略。常用的解决策略有：利用机会强化优势策略（OS 策略），利用优势化机会为推手策略（SO 策略），利用机会克服弱势策略（OW 策略），利用优势化解威胁策略（ST 策略），化威胁为动力策略（TS 策略），创新发展、克服弱势、消除威胁策略（WT 策略）。

表 5-1　态势分析与解决策略

外部因素	内部因素	
	优势	弱势
机会	利用机会扩大、增强优势 利用优势化机会为推手策略	利用机会克服弱势策略
威胁	利用优势化解威胁策略 化威胁为动力策略	创新发展策略

态势分析的难点在于准确进行优势劣势和机会威胁分析。优势劣势多指寓于系统内部的，而机会威胁多指来自系统外部的，因此，分析优势劣势和机会威胁时必须对系统内、外部情况做出准确分析判断，这就是难点所在。鉴于垃圾治理严重受到政治、法律、社会、经济和技术影响，不论怎样简化，必须充分考虑这些方面存在的优势劣势与机会威胁。

政治方面重点围绕政治制度与体制、政局稳定性与发展、政府及其主管部门的态度等。法律方面重点围绕法律和法规的授权、责任与义务、禁止和保障措施等。社会方面重点考虑人口规模、人口分布、人口结构、收入分布和风俗习惯等。经济方面重点考虑国内生产总值、商品（资源）供给成本、居民可支配收入水平和消费意愿等。技术方面重点分析技术现状、新发明、新技术、新工艺、新材料及其发展与应用前景，尤其要关注人工智能赋能垃圾治理的影响。

进行态势分析时应想到技术改变人和社会的行为习惯。新技术的新应用永远是一种机会，可以预见，人工智能赋能将强化垃圾源头需求侧管理。同时，利用态势分析提出解决策略时还应想到技术的改变远优于社会的改变，因此，解决垃圾治理的困难和瓶颈应优先借助技术进步，而不是社会进步，这也是社会技术系统的基本思路。

5.3.2　层次分析法

层次分析法适用于垃圾治理系统的分析。如图 5-1 所示，垃圾治理方案的影响因素间的相互关系及隶属关系形成一个 3 层结构的层次结构模型，最高层是目标层，确定垃圾治理方案；中间层是准则层，例如由无害化、资源化、减量化、节约土地、节约资金和居民满意 6 个准则组成；最低层是方法层，例如包括经济手段、科技手段、生产者责任延伸制度（简称"生产者负责"）、分流分类、再生资源回收利用（简称"物质回收利用"）、生物转换、热转换和填埋处置等 8 种方法。

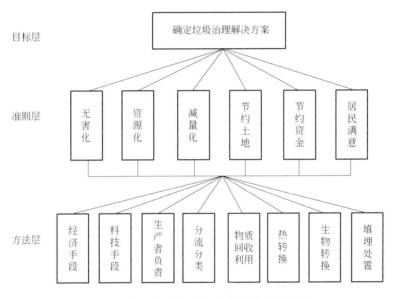

图 5-1　确定垃圾治理方案的层次结构模型

这种层次结构模型表明垃圾治理方案的决策过程可以层次化，垃圾治理方案的决策是一个多准则下多方法按优先程度排序的多层次结构分析问题，可采用层次分析法，将决策问题归结为求解最低层（方案、措施、指标等）相对于最高层（总目标）权重的数学问题。具体思路是先分析各种治理方法相对于每个准则的重要性，再结合本地政治、社会、经济情况，分析各个准则的重要性，最后找到适合本地实际情况的治理方案。

即使分析工具有限，垃圾治理决策时也应尽力使用定性分析工具，最好使用定性与定量相结合的分析工具，做出尽可能科学的分析判断，严禁拍脑袋。

5.4 垃圾治理的突出问题分析

垃圾治理有哪些突出问题，这些问题又有什么效应，是垃圾治理必须研究、掌握和化解的问题。垃圾治理不仅要知道该做什么，也要知道不该做什么。我们知道，垃圾治理是政府与社会在市场导向下的共治，而市场、社会、政府都非十全十美，存在不完善或低效率之处，甚至存在体制与运行机制性缺陷，这些都是垃圾治理的障碍，是垃圾治理需要特别关注的方面。

5.4.1 市场问题

垃圾治理存在不完全竞争、外部性、公共物品、信息不对称等市场障碍。市场障碍引起资源配置不当，损失社会各利益相关方的利益与社会福利，存在帕累托改进余地。市场机制自身不能够解决市场障碍问题，需要政府利用法律法规、标准、行政指令、经济手段等工具对市场进行管制，常用的工具有价格管制、税收、津贴、排放权/处理权交易、主体整合和行政处罚。

（1）垄断

规模经济和政府特许是垃圾治理行业形成垄断的两个主要原因。对某一地区的垃圾细分市场而言，生活垃圾、厨余垃圾、大件垃圾、城镇污水处理厂污泥、绿化垃圾、粪渣、动物尸骸、医疗垃圾、废弃车辆、危险工业垃圾及其他有害垃圾的治理具有垃圾产量有限、行业利润微薄和体制分割特点，仅需少数几家或一家大型企业便可处某一细分市场的垃圾量，而且，企业为了发挥规模经济的效果，会排斥其他企业参与，形成自然垄断；加上政府出于稳定服务水平和减少纠纷等方面的考虑，往往实行政府特许政策，强化了垃圾处理的自然垄断，进一步助长了垃圾处理行业的垄断竞争。

垄断导致资源配置缺乏效率、垄断利润和不公平，助长垃圾处理的价格歧视，损失经济福利，而且，为获得与维持垄断地位，垄断企业将进行非法的"寻租"活动，产生垄断价格，导致经济福利进一步减小。寻租导致经济福利的损失，更严重的是导致腐败和市场失序。

防治垄断需要政府采取垄断管制工具，如价格管制、收归国有、不干预和反垄断法。"价格管制"一般遵循"效率优先，兼顾公平"原则，尽量将价格确定在帕累托最优状态附近。常见的定价法有边际成本定价法、平均成本定价法、双重定价法和资本回报率定价法。"不干预"是在垄断未违背政府主导原则和未造成实质性损害和破坏前提下，政府放手社会和市场对垄断进行纠偏，"不干预"是在政府监视下的社会与市场纠偏，并非"不作为"。

（2）外部不经济性

垃圾的排放存在外部不经济性。排放垃圾，既减小了环境容量，剥夺了他人的排放权利，又增大了社会的垃圾处理负担，甚至还被迫支付部分垃圾处理成本，这就是垃圾排放的外部不经济性。

相反，垃圾处理存在外部经济性。垃圾处理者通过妥善处理垃圾，向社会提供了环境容量及其他服务，但因垃圾被人为地冠以"公共资源"属性而环境容量与服务性产品又具有公共物品属性且难以准确定价等多种原因，环境容量与服务性产品的消费者（受益者）并未为消费行为付费或足额付费，垃圾处理者也没能从其利人行为中获得应有的报酬，从而产生垃圾处理的外部经济性。

当垃圾排放具有外部不经济性时，排放者可以从其收益中拿出一部分用于减小社会成本；当垃圾处理存在外部经济性时，社会（消费者）可以从其收益中拿出一部分来补偿企业的损失，即外部性导致低效率，存在帕累托改进余地。

纠正外部性的低效率需要政府完善法律法规、标准规范和补贴制度，维护公序良俗，扶持社会自治，并采取适宜的政策工具进行管制。可能采用的政策工具有税收和津贴、产权的确认和可转让、主体整合。

垃圾处理的外部经济性很大程度是因为"环境权"或"环境容量"产权的不确定。如果对环境权或环境容量进行了确权，并制定了计量计价标准，则可减小搭便车效应，减小垃圾处理的外部经济性。进一步，如允许"环境权"或"处理权"交易，可进一步减小垃圾处理的外部经济性。

主体整合的具体措施一是允许垃圾处理者参与源头需求侧管理并将源头需求侧管理资本化，让垃圾处理的供求双方见面交易，"内部化"垃圾治理的外部性；二是整合具有外部经济性的处理作业与具有外部不经济性的处理作业，如将具有一定经济效益的废食用油或餐饮垃圾的资源化利用与不具有经济效益的源头垃圾分类指导及厨余垃圾处理整合在一起，不仅可以减少垃圾分类、厨余垃圾处理的外部性，还可以将垃圾分类资本化，从而便于利用经济杠杆撬动垃圾分类的社会自治，便于实行垃圾分类服务的合同业务管理模式（BMC）。

（3）信息的不完全和不对称

信息的不完全，不仅指因信息传播途径受阻和因人本身能力限制引起的信息不完全，还包括市场经济本身不能够生产出足够的信息并有效地配置它们。信息不对称是指一主体拥有比其他主体更多或更有价值的信息。

在信息不完全和不对称情况下，垃圾处理者的投资带有一定的盲目性和投机性，垃圾排放者的消费可能出现"失误"，社会可能误解垃圾治理举措甚至阻碍垃圾治理规划与计划的实施，委托人对代理人的监督可能"失效"，等等。具体事例如垃圾处理者报高处理成本而政府无法核实，导致垃圾处理费（财政补贴）偏高，这些都将导致资源配置不当和分配不公。

遏制信息不完全和不对称，一是要在规划、设计阶段充分考虑避免信息不完全和不对称的方式方法与途径，二是及时总结与发布信息，完善信息传播渠道，增大信息透明度，三是建立信息共享制度。

5.4.2　社会问题

垃圾治理的主体具有"理性经济人"和"非理性社会人"的双重心理，这种双重心理与垃圾治理的一些固有特点交织作用将导致社会正义与社会自治力的缺失，产生垃圾治理障碍，如责任分散效应（旁观者效应）、搭便车效应、邻避效应、不值得定律。

（1）责任分散效应（旁观者效应）

"人人受益，人人有责"容易造成责任分散，让人产生"我不去做，由别人去做"的心理，甚至觉得自己分担的责任很少，甘做旁观者，形成"人人受益而又很少人关心"的不合作与"三个和尚没水吃"的集体冷漠局面。

垃圾治理存在责任分散效应，源头垃圾分类与回收环节尤为明显，本应是排放者的责任，却推给了政府，因政府只能动用纳税人上缴的税收，实则推给了全体社会。

遏制责任分散效应的主要办法有：

① 属地管理，划片而治，推进社区自治、行业自治、区域自治，缩小治理规模；

② 落实污染者担责、治理者获利、消费者付费、受益者补偿与受损者受

偿原则，落实生产者责任延伸制度，实行"多排放多付费""减排补贴，超排惩罚"等政策；

③ 健全法制、集体契约和个人道德操守组成的规范体系，倡导居民"减量、分类、回收、自治"的行为规范，促进垃圾治理法治化和社会自治；

④ 建设社会自治示范榜样，强化榜样的示范作用，增加社会成员的责任感。

（2）搭便车效应

搭便车效应指治理成果被他人无偿或以低成本付出据为己有。垃圾治理产品中的物质资源和能量资源已有计量计价规范，较难出现搭便车现象；但环境容量和服务性产品较难准确计量计价，而且环境容量和治理服务的覆盖面和分配途径不易限制，客观上让没有参与治理的人能够轻易享受到治理成果，从而产生"不劳而获"心理。

遏制搭便车效应的主要办法有：

① 执行垃圾排放征费制度，尤其要执行按类计量收费制度；

② 执行生态环境补偿制度，要求受益者缴纳生态环境补偿费，对受垃圾影响区域予以生态环境补偿；

③ 落实"治理者获利"原则，制定治理产品，尤其环境容量和治理服务产品的计量计价办法，健全垃圾治理成本回收办法，让治理者获得回报，打破平均主义；

④ 实行属地管理、划片而治与主体整合，推进社区自治、行业自治、区域自治，缩小治理规模，理顺垃圾治理的供求关系。

（3）邻避效应

当一个具有外部不经济性的设施建在自家周边时，容易让人觉得自己付出了比他人更高的成本，出于理性经济人，产生"不要建在我家后院"的心理。

垃圾处理设施具有邻避效应，一是存在垃圾污染及垃圾处理过程中潜在的二次污染风险，二是减少处理设施所在地的发展机会，是典型的邻避设施。

遏制邻避效应，培育迎臂效应的办法有：

① 进行简明扼要、系统的风险分析，制定风险减轻与控制方案；

② 寻找自愿性社区，并给予受影响区域生态环境补偿与经济补偿；

③ 坚持信息透明化与社会参与，确保受影响区拥有知情权、表达权、掌

控权（参与权）和监督权。

（4）不值得定律

不值得做的事情，就不值得做好。垃圾治理的社会依据是社会人具有社会意识和奉献精神，但不可否认，个别人为一己私利极大化，认为垃圾治理不值得为之，甚至连旁观都不值得去做，在这种心态下，不可能把垃圾治理做好。

打破不值得定律的办法有：

① 制定战略规划，并邀请社会各利益相关方参与规划的制定、执行与落实；

② 加强教化、躬行践履和法治，让"垃圾治理是件值得做的事情"深入人心；

③ 确保治理者获得回报。

5.4.3 政府问题

市场问题与社会问题赋予政府以管制的职能，如果政府管制不能够遏制、消除市场问题或社会问题，甚至加剧影响或引发新问题，就产生了所谓的政府问题。垃圾治理存在政府内部性、政府行为的外部性、政府特许经营、信息不完全和不对称、政府被企业俘获等政府问题。遏制政府问题，还得政府敬畏权力，"无为""好静""无事""无欲"，只为防止垃圾治理世人物事的畸变才适当出场管制。

（1）政府内部性

所谓"政府内部性"，又称政府自利性，就是指政府及其成员追求自身动机、目标与利益而非社会福利，是政府障碍的一种基本的或体制性的形式。

政府具有群体或集体的动机、目标与利益，同时，政府拥有实现自身动机、目标与利益的权力与优势，使得"政府内部性"成为政府的一个体制特征。政府内部性因政府及其成员追求的动机、目标与利益的多样性而表现出多种形式，但主要形式都是围绕金钱与权利的追求。主要形式有创租与抽租、政府扩张。

垃圾治理市场是一个具有自然垄断性质的非完全竞争市场，投资大，租金大，租金收益高，这给企业或利益集团寻租提供了机会与动力，同时也给政府创租与抽租提供了机会与动力，垃圾治理行业存在企业寻租和政府创租与抽租一体化现象。

（2）政府行为的外部性

政府行为一定会对政府管制对象产生外部影响，而且，政府行为存在外在成本，政府行为的低效率增大外在成本，政府行为失当又会产生额外的外在成本。政府行为的外部影响与外在成本就是政府行为的外部性。

当政府管制对管制对象产生了正面影响即达到了管制目的，且这种正面影响的收益超出了政府行为的外在成本时，政府行为表现出正外部性或外部经济性。当政府管制对管制对象产生了负面影响即没有达到管制目的，政府行为表现出负外部性或外部不经济性。

政府行为的外部性，如同垃圾治理的外部性，是一种政府障碍。政府行为没有达到管制目的，显然是一种障碍；政府行为虽然达到了管制目的，但因此产生的收益不足以弥补政府行为的外在成本，也是一种障碍；政府行为达到了管制目的，因此产生的收益也足以弥补政府行为的外在成本，但却牺牲了其他人过多的利益，存在帕累托改进余地，还是一种障碍。

如环保搬迁是化解垃圾处理设施的邻避效应的一种有效措施，但政府花费过量税收实施大范围住户高额搬迁，虽然化解了邻避效应，促成了处理设施落地建设，从社会经济发展大局考量，可能具有正外部性，但却牺牲了全体纳税人过多的利益，仍然存在帕累托改进余地，是一种障碍。

（3）政府特许经营

鉴于资源稀缺与自然垄断性质，且出于普惠服务的考虑，政府采用政府特许经营模式，将垃圾治理行业的部分细分市场的经营权授予一个或少数几个企业。

政府特许经营具有排他性与垄断性，弱化行业竞争，并给特许经营企业创造垄断利润。特许经营企业为获得牢固的特许经营地位或赚取更大的垄断利润，将以部分垄断利润为代价进行非生产性的寻租活动，甚至俘获政府及其成员，造成社会福利损失与政府失灵。

（4）信息不完全和不对称

政府对社会与市场进行管制时存在信息不完全和不对称困扰。一是政府较难掌握真实的社会需求与供给，二是管制活动本身存在信息不完全和不对称问题，包括信息量不足、信息质量差与信息传播渠道不畅等问题。信息不完全和不对称可能导致政府决策失误、执行不力与监管失当，典型情况是企业对政府的信息封锁迫使政府监管不到位。

（5）政府被企业俘获

只要市场存在垄断利润和额外租金，企业便有寻租的动力。企业寻租的成功意味着政府及其成员的俘获，一旦政府及其成员被企业俘获，将为企业获取更多的额外租金提供工具，从而极大地损失社会福利。

5.4.4 防止问题效应

垃圾治理的问题效应有两种：一是单个问题致使垃圾治理畸变效应，一个问题足以让垃圾治理无效甚至无法进行；二是两个以上问题的互作效应，一种问题对另一种问题产生作用。垃圾治理的问题效应是垃圾治理需要加强研究的对象。

垃圾治理要防止各个问题致垃圾治理畸变效应。单个问题像病毒那样，使垃圾治理失稳失衡和失序失常，一个垃圾治理的问题足以让垃圾治理走上歧途。一个企业瞒报的环境保护设施使用信息足以让政府失去公众信任，一次群体邻避事件足以让垃圾焚烧项目下马，一个厨余垃圾分出量考核指标足以改变生活垃圾分类轨迹，一项财政补贴政策足以刺激一种垃圾处理方法快速扩张以致侵蚀另一种垃圾处理方法的发展。

垃圾治理要防止多个问题的互作效应。垃圾治理问题的互作效应可能是一个问题削弱、激活或增强另一个问题的作用。就垃圾治理的主要问题而言，主要是增强效应，极不利于垃圾治理的健康发展，是需要防止的互作效应。

一种是软暴力式互作增强效应。这种软暴力式增强效应或许不会激化矛盾，但对推动垃圾治理仍是一种消极的效应，是垃圾治理的"鸦片"。如责任分散效应或综合性的看客心理遇到市场、政府问题，便会各取所需，甚至互相遮掩，不会激化矛盾，但久而久之会形成一种社会冷漠，使垃圾治理失去社会化特质，退化为政府的垃圾管理和企业的垃圾处理。

一种是硬暴力式互作增强效应。一个问题给另一个问题火上浇油，激化矛盾，增强整体的阻碍作用。如政府内部性激活企业寻租，企业寻租致使政府被企业俘获，政府被企业俘获让社会旁观和加重自然垄断，而社会旁观和市场垄断反过来又增强政府的内部性和外部性，后果是市场、社会和政府统统失灵，垃圾治理自然而然随之失灵。

例如，存在生活垃圾焚烧发电快速扩张导致利废企业和商品生产者的责任流失的可能。如果企业专家游说（企业寻租过程），政府接受企业专家的游说（政府被俘获），接着政府出台一系列扶持焚烧发电的政策，焚烧发电将快速扩张，后果是弱化垃圾的物质利用，挫伤利废企业和商品生产者的责任心，导致垃圾的物质利用裹足不前；又因焚烧发电的自然垄断性和高投资门槛等特点，焚烧发电只在少数几家企业间恶性竞争，个别地区可能出现市场垄断，导致处理费居高不下。

一个垃圾治理问题互作增强效应的实际案例是"番禺风波"。"番禺风波"是国内第一起生活垃圾焚烧发电厂选址引发的群体事件（2009 年 2 月～2012年 10 月），具有完整的酝酿（公众表达关切，但得不到政府正面回应）、爆发（公众表达反对与抵制，2010 年 3 月）和解决（公众与政府互动）三阶段。"番禺风波"的酝酿与爆发是社会邻避效应、政府与社会间信息不对称和政府决策的外部性等问题相互推波助澜的结果。

5.5 【案例】让源头生活垃圾分类有理有据

推行生活垃圾分类一直是垃圾治理的难题之一。之所以如此，是因为没有弄清源头垃圾分类的本体及其规律。推行垃圾分类要注重垃圾分类实践，更要研究垃圾分类本体，掌握垃圾分类的本质规律。以前有关垃圾分类的时评文章多浮于垃圾分类的"用"或囿于人理与物理，忽视了垃圾分类的"体"，没有深入到"事因人物而设，体系因事而成"，有必要强调垃圾分类的"体"，分析垃圾分类的人、物、事及其形成的体系，提出垃圾分类的通用概念。

5.5.1 源头生活垃圾分类的本质

源头生活垃圾分类的本质是将个体行为统一到集体选择，根据集体选择贮存、排放垃圾的行为；源头垃圾分类的分析模型如图 5-2 所示，集体督促个体为了集体公益而实施分类，个体诉求集体为了推行分类而照顾个体私利，垃圾分类是分类主体"个体"与"集体"平衡私利与公益后的协调行动。

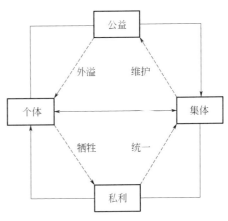

图 5-2 源头垃圾分类的分析模型

"个体"与"集体"是两个相对概念。"个体"代指个人、企事业单位、社会组织、甚至小区、社区等，"集体"

代指由个体形成的更大群体，如社区、社会等；个体是组成集体的个体，集体是个体的集体；个体服从集体选择，维护集体公益，集体兼顾公益与私利。

垃圾分类的首要任务是调和私利与公益。推行垃圾分类将增进公益，而且新增公益将促进个体私利；个体因施行垃圾分类获得新的私利，也会因此失去习惯性便宜。推行垃圾分类增进的公益是更好的生活环境（环境卫生）、更好的文明生活习惯和更好的保护利用资源，这也是推行垃圾分类的目的。更好的生活环境和更好的文明生活习惯直接外溢到个体，更好的保护利用资源间接外溢到个体。政府应建立健全鼓励垃圾分类的优惠政策，禁止损公肥私，鼓励但不依赖大公无私，确保垃圾分类兼顾个体私利与集体公益。

集体选择就是要兼顾私利与公益。集体组织、经济和文化应代表大多数个体的意愿，在此基础上，个体与集体通过协商与妥协，找到私利与公益的平衡点，达成集体选择。分类方式方法和分类标准是集体选择之一，自然要服从公私兼顾。垃圾分类要因地制宜、便宜行事，具体讲，垃圾分类要"与以往垃圾排放习惯对接""与既得利益对接""与乡镇（街道）经济条件对接"和"与后续处理设施对接"，核心是实现物尽其用，路线是分而用之，即"坚持分类""分类垃圾分类处理"和"提高综合利用和无害化处置水平"，关键是全社会自主自觉分类，目标是物尽其用。

5.5.2 推行分类为什么难

推行垃圾分类之所以难，在于推行垃圾分类必须迈过"分类垃圾分类处理""因材分类，怎样的垃圾就怎样分类"和"人人自主自觉地坚持垃圾分类"三道槛，需要全社会同心协力、协调行动，形成"减量、循环、自觉、自治"的行为规范，达至公益与私利相统一，供给与需求相统一。

（1）分类垃圾分类处理

"分类垃圾分类处理"是《中华人民共和国固体废物环境污染防治法》（以下简称《固废法》，2020 年修订）第四十九条第四款所规定，如果分类垃圾得不到分类处理，推行垃圾分类就是作秀，不可能得到人民群众的拥护和响应。

分类垃圾分类处理对推行垃圾分类提出两方面要求，一是有怎样的分类处理能力就推行怎样的分类，二是要根据垃圾分类的推行进展不断完善垃圾分类处理能力。

从生活垃圾混合处理到分类垃圾分类处理，一大困难就是要补齐分类处理短板，如添置分类收运设施设备，收编拾荒者和利废企业，建设厨余垃圾资源化利用设施等，为推行源头分类营造分类处理条件；而且，要围绕综合利用补齐分类处理短板，这是《固废法》（2020年修订）提出的新要求。

《固废法》（2020年修订）第四十五条要求"提高生活垃圾的综合利用和无害化处置水平"，提高垃圾的综合利用水平是为了更好地保护利用资源，提高无害化处置水平则是为了更好的生活环境。综合利用包括物质利用和能量利用，各地视情况补齐综合利用能力不足的短板，尤其要强化物质利用能力，关键是如何整合分类网络和物质回收利用网络（两网融合）。

（2）因材分类

如果说具有怎样的分类处理能力就怎样分类，这是基础，也是被动地推行源头分类；想化被动为主动，就需分析生活垃圾的物质特性，主要组分是什么，来源是什么，综合利用价值多高，或者哪些组分的综合利用价值最高，变化趋势怎样；推行源头分类须分出主要组分、综合利用价值最高的组分和适应组分与利用价值的变化趋势，因材分类，并反作用于分类处理能力建设，保证分类处理能力与生活垃圾的物质特性相匹配。

如某地，当下的第一主要组分，也是利用价值最高的组分，是包装垃圾，或扩大为可回收干垃圾；其次，是农贸市场、酒楼食堂的厨余垃圾。所以，推行源头分类须优先分出可回收干垃圾，并保证厨余垃圾（扩大之湿垃圾）不污染可回收干垃圾；其次，尽量分出厨余垃圾，但允许厨余垃圾混入不可回收干垃圾形成其他垃圾（混合垃圾）。

而且，进一步分析垃圾组成及其综合利用的可能途径，大致可确定推行源头分类的三三分类目标，即 30%以上可回收干垃圾，30%左右厨余垃圾，30%左右其他垃圾。

与之相应，要优先加大可回收干垃圾利用能力建设，其次加大厨余垃圾资源化利用能力建设，再就是其他垃圾能量利用和填埋处置能力建设。

（3）坚持是正道

第三道槛是最难迈过的，想迈过这道槛必须做好"人"的思想工作。要正视施行源头分类的个体的心理，尤其是个人的心理。无论采取什么措施，目的在于让个体坚持施行垃圾分类，从"要我分类"过渡到"我要分类"；坚持是正道，坚持成习惯，习惯成自然。推行源头分类需要个体自律，亦需要强化他律。

要健全主体周延、于事简单的法制体系；也要有激励担当的具体措施，须让个体从分类举动得到切身利益，最好是经济利益，如实施按类按量计价计费的垃圾排放征收制度，对可回收干垃圾予以收购，对其他垃圾适度收费，对厨余垃圾加倍收费（具体收费标准需具体研判），又如设立源头分类专项资金，购买社区和第三方源头分类服务，奖励分出优先分出的组分，让个体从施行分类得到实惠。

5.5.3 源头垃圾分类的世人物事

垃圾分类是一定时空上涉及人与物的一系列事件的组合。分类总是"人"在分，要讲"人理"；分类是指垃圾的分类，还有贮存、收集、驳运垃圾的容器与设备等诸"物"，要讲"物理"；分类是贮存、投放、收集、驳运的系列事件的组合（贮存指居民家内分类与分类贮存，投放指居民分类投放，收集指小区或聚落分类收集，驳运指小区或聚落分类驳运到社区收集站点），要讲"事理"；再者，分类是系列事件组合成的分类"世界"，是一个个小区或聚落、一个个地区自主施行而结成的"世界"，在这个分类世界里，各事件的衔接秩序与韧性烈度要讲"世理"；最后，垃圾分类的世人物事都是处在具体的时空，人理、物理、事理和世理也都是针对具体的时空而言。这就是源头垃圾分类的世人物事及其"理"。

人理方面要重点解决看客心态问题。尽管人人都产生和排放垃圾，人人都从垃圾处理中受益，但人人都试图与他人和社会分割，不仅不合作，反而回避、推卸并自我解脱责任，导致垃圾治理行业形成集体冷漠的局面。要树立正确的义利观，激励人人履行法律赋予的责任与义务，达至人人自主自觉地坚持分类。

物理方面要重点解决垃圾分类依据问题。以什么为依据来将垃圾分类直接影响分类垃圾的后续处理和分类的便捷性。可根据物质种类将垃圾分为纸类、塑料类、玻璃类、木竹纤维类等，也可根据性质将垃圾分为易腐有机垃圾与惰性垃圾或可燃垃圾与不可燃垃圾等，或根据后续处理方法将垃圾分为可回收物（进入利废企业）和其他垃圾（进入焚烧填埋处置设施），还可根据垃圾组成及其变化将垃圾分为包装物、厨余垃圾和其他垃圾，等等。依据不同，分类方法和后续的分类处理方法都将随之不同。此外，物理方面还要解决垃圾排放费征收问题，如随袋征收，或随水、电、物业管理费征收等，这也是垃圾治理的一大问题。

事理方面要重点解决习惯、科学性和便捷性问题。"楼道撤桶，定点投放"已经成为一个新习惯，但这要破除投放到楼道垃圾桶的习惯和树立将垃圾送到小区（聚落）集中投放点的新习惯。类似事例还不少，如公交站式分类收集、厨余垃圾粉碎、家庭堆肥等，需要进行事理分析，为源头垃圾分类提供切实可行的方式方法。

世理方面要重点解决和谐性问题。不同小区及城市乡村如何推广分类是世理分析的大课题，其他课题如究竟是采用一次分类还是先粗分再细分的二次分类，也是值得深入分析的问题。一次分类固然好，但对人的要求太高；二次分类只要求人粗分，甚至粗到干、湿分开就好，再借助技术手段对粗分垃圾进一步分类，不仅人性化，而且发挥技术的作用，促进技术进步。

世人物事纵有变化，但自有规律，可识可用。正因为有变化，才需要思考；只有通过思考，才可通物达理，寻得计策与方式方法。源头垃圾分类需要观察分析天时、地利、人和、资源和世人物事的客观规律等，详尽优势与劣势、机会与威胁，全面掌握人理、物理、事理和世理，具体问题具体分析，给出推动分类的不同对策。

5.5.4　源头垃圾分类的推广曲线

源头垃圾分类的推广是有规律可循的，这个规律可表示为推广曲线，如图 5-3 所示为准确分类的人数随推广时间变化的规律。推广分类要挂图作战，这个图主要就是这个推广曲线。

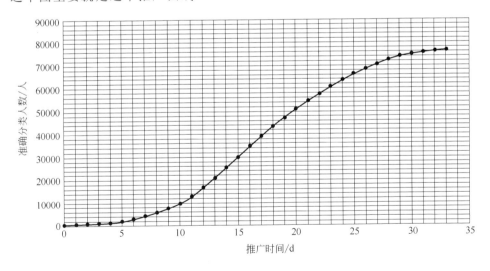

图 5-3　源头垃圾分类的推广曲线

推广曲线分为 3 个阶段，参加人数（日增人数）缓慢增加阶段、急剧增加阶段和趋于平缓阶段。就示例而言，缓慢增加阶段发生在第 0～10 天内，急剧增加阶段在第 10～30 天内，平缓阶段在第 30 天之后。推行之初，因越少人参与的事件越不吸引人，公众参与分类及准确分类的人数都较少，而且人数增大幅度也较小。但当参与分类和准确分类的人数达到一定值后，因榜样的带动作用，形成强烈的跟风效应，参加和准确分类的人数急剧增多，直至绝大多数公众参加和准确分类，于是，人数增大幅度趋于平缓。

缓慢增加阶段和急剧增加阶段是加力推广阶段，平缓阶段是成功推广阶段。推广分类的难度就在于如何维持参加和准确分类的人数逐日增加，而且要尽可能快与长地使增加幅度不断增大。缓慢增加阶段的主要目标是吸引更多人参加和准确分类，当以激励为主；而平缓增加阶段的主要目标应是惩处那些顽固不参与者，当以惩罚为主。着手推广分类前应勾画出推广曲线，这对有的放矢地推广垃圾分类非常重要，为此，必须掌握推广前参与分类的人数（基础）、推广后参加人数的期望值（目标）和预计各阶段的时间及人数增加幅度的期望值。

此外，推广曲线存在一个所谓的"拐点"，即增加幅度由正变负的转换点，参见横坐标 15～16 范围内示例推广曲线的对应点。虽然参加分类的人数在 3 个阶段都始终是在不断增加，但日增人数先增后减，即增加幅度由正变负，推广曲线从凹曲线转变为凸曲线。推广分类要尽可能长地使增加幅度不断增大，就是要让拐点尽可能迟地出现。拐点再隐秘，却也是推广分类时必须要掌握的。

5.5.5　源头垃圾分类的便宜行事

推行分类是仁政，正确分类是义举，坚持分类是正道，施行分类更是一种美德。垃圾分类需要针对不同时期，根据具体的聚落 [小区（自然村）、社区]，提出分类方法、分类目标、分类重点和实施策略，确保"正确分类""坚持分类"，形成人人自主自觉坚持分类的正道美德。

（1）根据居民配合意愿确定切实可行的分类方法

选择分类方法及相应的分类标准时务必充分考虑居民的配合意愿。这里主要讨论是源头一次到位还是采用二级分类法。

源头一次到位即在源头便将垃圾分为 N 种均质废物和其他垃圾，这是理想方法。源头一次到位的分类方法给居民带来较大负担，在国内暂时难以推

行，哪怕只分出主要的废纸、废塑料、废玻璃、废木材、废纺织品等均质废物，暂时亦难做到。

切实可行的分类方法是二级分类法：源头粗分，再二次细分。如居民家庭只需将垃圾干湿分开贮存和投放，再由第三方将干垃圾分成各类可回收物和不可回收物（归属其他垃圾）。二级分类法既照顾了居民利益，又可灵活组织二次细分方法，因地制宜回收物质资源。

（2）根据本地垃圾处理设施情况和垃圾组成确定分类目标和重点

① 根据垃圾处理总能力确定分类目标。垃圾处理总能力不足的地区，应多考虑多分出干、湿垃圾并加以分流处理；垃圾处理总能力足够的地区，应多考虑分类的便捷性、经济性和资源的紧缺性等。这里的垃圾处理总能力指现有的优先且主要用于垃圾处理的设施的处理能力（主要是焚烧处理和填埋处置的能力）。

② 根据处置方式确定分类重点。以填埋处置为主的地区，无论垃圾处理总能力足够与否，都应尽可能多地分出湿垃圾，以尽可能减少渗滤液产量。以焚烧处置为主的地区，则需结合焚烧炉热值（热负荷）设计值确定分类重点：当焚烧炉热值的设计值偏低时应尽可能多地分出干垃圾，以期降低垃圾的热值；相反，如果焚烧炉热值的设计值足够大，则应多分出湿垃圾，以降低垃圾的水分，提高垃圾的热值。

③ 根据干湿垃圾分类处理能力确定分类重点。在干、湿垃圾的处理能力都不足情况下，根据干、湿垃圾各自的处理能力，尽可能多地分出干垃圾和湿垃圾，且为了珍惜干、湿垃圾的处理能力，可要求分出的干垃圾尽可能少的含湿垃圾而分出的湿垃圾尽可能少的干垃圾；此时，源头粗分将是将垃圾分为干垃圾、湿垃圾和其他垃圾 3 类。最终究竟是分成 3 类还是 2 类，需要结合其他因素综合考虑，如考虑焚烧炉热值设计值偏低应多分出干垃圾，便可考虑不分出湿垃圾，即源头粗分蜕化为干垃圾和其他垃圾 2 类。

在干、湿垃圾的处理能力都足够情况下，可要求 100%分开干、湿垃圾，源头分类时名副其实地干、湿两分。

在湿垃圾处理能力足够、干垃圾处理能力不足和湿垃圾处理能力不足、干垃圾处理能力足够 2 种情况下，需要结合垃圾中干、湿垃圾的含量大小，分成 4 种子情况具体分析（图 5-4）。

④ 根据垃圾组成及其变化确定分类重点。对于包装垃圾迅猛增多的地区或小区（自然村）宜通过分类来回收利用包装材料，对于厨余垃圾占比较

高的地区或场所宜加强厨余垃圾资源化利用。厨余垃圾分类应将重点放在蔬菜基地、农贸市场产生的食材废料和公共食堂及餐饮行业的食材废料与食物残余（餐饮垃圾）。目前，垃圾分类似乎等同于分出厨余垃圾，这种认识是不正确的。

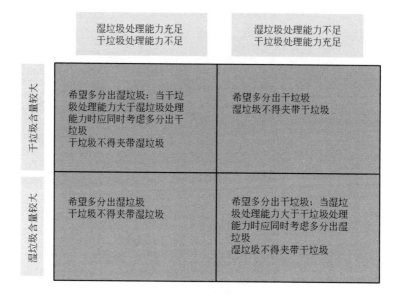

图 5-4 根据干、湿垃圾的处理能力确定垃圾分类重点

（3）根据地方经济社会情况确定分类策略

各地有自身的优势和弱势以及机会和威胁，如何利用自身优势将机会变成推行垃圾分类的推手，如何利用优势化解形式主义、土地供应紧缺、看客心理等威胁，如何利用机会增强自己的优势与克服自身的弱势，如何通过体制机制和技术创新另辟蹊径及化威胁为动力，等等，都是制定分类策略时必须考虑的。

（4）依据传统文化和居民习俗习惯推行分类

这是便宜行事最难的一层含义，主要是如何克服公民意识淡薄、向外观望（看客心态、见风使舵心态）、隐晦权利要求和混合投放垃圾习惯的惰性等不利因素。推行垃圾分类难就难在需要规范人的思维、行为和习俗，理顺垃圾分类的推行、实施、体系及其互动等各种动力的关系，充分发挥各种动力的作用，而中国人的传统思维、行为和习俗却是与此相左。只有让垃圾分类便捷易行，且不断强化宣传教育，放大榜样的带动作用，才能让垃圾分类蔚然成风，形成垃圾分类的新习惯。

总之，推行垃圾分类必须结合本地的经济、文化、社会状况和垃圾处理情况，制定正确的分类方法、目标、重点和策略，便宜行事，方能致远。

5.5.6 源头垃圾分类的考核指标

考核一地的分类推广工作，就是要看分类推广是否沿着既定的推广曲线行进，行进到了什么阶段和达到了什么程度。对比不同地区的分类推广工作，就是要对比他们的分类推广曲线（纵坐标可用相对数，即参加人数/当地总人数），不仅要看各地分类工作行进到了什么阶段和达到了什么程度，更要对比各地分类推广阶段的时长、参加分类人数的增加幅度与拐点控制。所以，考核指标应包括（但不限于）：

① 是否有推广曲线；
② 参加分类人数或相对人数（参与率）；
③ 准确分类人数或相对人数（准确率）；
④ 参加分类人数或相对人数的增加幅度；
⑤ 准确分类人数或相对人数的增加幅度；
⑥ 推广进程（行进到了什么阶段和达到了什么程度）；
⑦ 分类推广阶段的时长与拐点控制。

这里需要说明两点，一是"人"的定义，二是何谓"分类准确"。

这里的"人"可以代指单个人，也可代指家庭、小区（聚落）、社区（村）和乡镇（街道办）等。垃圾具有聚落性，建议乡镇（街道办）以上行政地区推广分类时以小区（聚落）或社区（村）为"人"，而不具体到单个人和家庭，以减轻推广压力；考核时也可做此处理。

"分类准确"是指该分出的分出了多少，是一个相对数，是指分出的某类要求分出的垃圾与其产量的比值，如某小区每日产生 10t 电子商务包装垃圾，某农贸市场每日产生 10t 厨余垃圾，分类准确就是看他们是否分出了 10t 电子商务包装垃圾或厨余垃圾；当然，也可以统一定义分出80%或90%为分类准确，这只是个约定俗成的问题。

分类准确率不能用分出的某类要求分出的垃圾与垃圾总产量的比值来定义，如果这样定义，可能会出现不能达标和弄虚作假问题，如要求分出20%垃圾总量的厨余垃圾，因厨余垃圾产量不到垃圾总量的20%，怎么尽心尽力分类都不可能达到，除非往厨余垃圾中加水或其他垃圾。

以上分析表明，推广垃圾分类是门技术活，分析垃圾分类的人理、物理、事理和世理，制定、分析与控制分类推广曲线，建立健全考核指标体系，不仅需要定性分析，更需要定量分析，要做到定性与定量相结合，只有如此，推广垃圾分类才能做到有理有据和体用俱全。

参考文献

［1］熊孟清，隋军. 固体废弃物治理理论与实践研究［M］. 北京：中国轻工业出版社，2015 年.

［2］熊孟清. 城乡垃圾及人居环境治理［M］. 北京：化学工业出版社，2020 年.

［3］梁漱溟. 乡村建设理论［M］. 北京：商务印书馆，2017 年.

后　记

从业以来，一直追求垃圾治理实践理论化、知识化和科学化，希望从众多垃圾治理实践的知识中提炼出垃圾治理的普适知识，并借此认识垃圾治理的共性和本原，统一垃圾治理的"体"与"用"，用以指导垃圾治理实践，促进垃圾妥善治理和垃圾治理可持续发展。

机缘巧合，2020 年，朝阳环境集团有限责任公司咨询垃圾治理的普适知识，加速了总结垃圾治理普适知识的工作。当时回复了以下几点。

① 垃圾治理共治体制与政府行政管理体制、社会自治体系之间的关系。垃圾治理赋予物质性垃圾处理人性化、人格化和人文化，是政治、经济、社会治理的重要内容，垃圾治理体制及其运行机制要与行政管理体制、社会自治体系融合发展。

② 垃圾治理逆生产与商品正生产、循环经济之间的关系。垃圾治理（处理）要与商品正生产闭合，构建循环经济发展格局。

③ 垃圾治理社会化。任何单位和个人都产生垃圾，"资源变成垃圾"对任何单位和个人都产生负面影响，"垃圾变成资源"又让任何单位和个人都受益，说明垃圾具有社会性，垃圾治理也需要社会化。

④ 政府在垃圾治理中的主导性。垃圾和垃圾治理具有外部性、公共性和跨界性，为维护社会公益和社会秩序，政府应在垃圾治理过程中起到主导作用。

⑤ 政府与社会之间的协商共治关系。垃圾治理需要政府主导，垃圾治理也需要社会自主自治，这就注定垃圾治理需要政府与社会协商共治。

⑥ 社会秩序、效率、正义与公平。垃圾治理要守住底线，做到垃圾及时处理，保障居民排放垃圾与社会适度参与的权利；要不碰安全红线，保障生命、生产、生活、生态"4 生"安全；要发扬光大"天下大同""苟利社稷，不顾其身"的社会优先精神，切实维护社会秩序、效率、正义和公平。

⑦ 垃圾治理的动力学。动力是因，运动是果，垃圾治理要因势而变，因时而进，因地制宜。垃圾治理既要加强运动学研究，也要加强动力学研究。

⑧ 垃圾治理的世人物事及其规划设计。事因人物而设，体系因事而成，把人和物放在合适的事中和合适的位置，办成一件件"好"事，把一系列治理事务编织成一个简单高效、有序和谐的治理体系，实现垃圾妥善治理；垃圾治理世人物事皆围绕准则运行。

⑨ 垃圾治理的善己善人。通过教育、身体力行和法律约束，让人人自主自觉坚持施行垃圾妥善治理的正道美德。

在此基础上，进一步细化与扩充，尤其加入了固废法和规划 2 个专章，写成《垃圾治理之道：方法探究·案例解析》一书。

《垃圾治理之道：方法探究·案例解析》一书的目的是试图描述垃圾治理的普适知识，包括垃圾治理的概念、特征、原则、制度、架构和规律等，帮助读者认识垃圾治理的共性和本原，鉴别垃圾治理实践的"真与假""好与坏"，促进垃圾治理可持续发展。

这本书结合针对垃圾治理实践的《城乡垃圾及人居环境治理》（2020年出版），较完整地勾画出了垃圾治理的体与用。

这本书能够面世，要感谢家人，感谢朝阳环境集团有限责任公司夏志国董事长和刘凤娟女士，感谢化学工业出版社的各位编辑，谢谢他们的配合与支持。

希望本书有助于读者掌握垃圾治理的相关知识。限于水平，书中难免有疏漏与不足之处，敬请读者批评指正。